제2판

Copy The Cake Know-How of **The Bakery Master**

제과기능장의
케이크 노하우
따라하기

강소연·오동환·백진우·이득길·박영현 공저

ᗏ (주)백산출판사

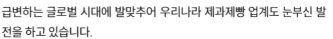

Preface

급변하는 글로벌 시대에 발맞추어 우리나라 제과제빵 업계도 눈부신 발전을 하고 있습니다.
이에 따라 업계의 다양한 변화와 산업체의 요구에 알맞은 관련 업무 종사자의 인재양성이 더욱더 중요해졌습니다.

현재 다양한 디저트 및 케이크 전문점의 발전은 눈부신 성장을 거듭하고 있고, 다양한 형태로의 변화도 나타나고 있습니다.
따라서 본 교재는 베이커리 및 케이크 전문점의 다양한 메뉴를 구성하여 책을 보는 학생 및 창업을 준비하는 모든 분께 많은 정보를 주면서 트렌드한 제품들로 구성하였습니다.

또한 소규모 베이커리와 같이 제과 제빵만이 아니라 카페에서 판매할 수 있는 제품을 보다 구체화하여 집에서도 직접 만들어 보면서 쉽게 접근할 수 있도록 하였습니다.
이처럼 베이커리의 다양한 분야를 전공하는 대학생 및 제과, 제빵을 처음 시작하는 분들, 베이커리 현업에 종사하는 전문가 모두 이 책을 유익하게 활용하면 좋겠습니다.
이 책의 재료는 대한제분의 피트 발효 버터, 퀘스크렘 레귤러 크림치즈, 퀘스크렘 마스카포네, 아뺑드T55, 곰표중력분, 암소박력분을 지원받아서 사용하였습니다.

처음 책을 준비하면서 원고를 여러 번 수정하고, 제품 사진을 찍으면서 책을 만드는 데 많은 시간을 투자하고 집중해야 좋은 책이 나온다는 것을 느꼈습니다.
본 교재를 발간하기 위해 여러 번 테스트하고 다양하게 준비하여 제작하였으나, 부족한 부분이나 수정할 부분이 있다면 향후 재판 시 수정 보완하여 채워 나가겠습니다.

이 책이 출판될 수 있도록 재료를 지원해주신 대한제분 김성찬 팀장님과 대한제분 관계자분들께 감사드립니다.

책을 수정하고 고치면서 출판까지 도와주신 백산출판사 대표님과 임직원분들께도 다시 한번 감사의 마음을 전합니다.

저자 일동

Contents

제 ¹ 부

제과이론

제 2 부

제품별 레시피

제 1 부

제과이론

제 1 장

제과공정

| 반죽법 결정 | 재료 계량 | 정형·패닝 | 냉각 | 포장 |

배합표 작성　　반죽 제조　　굽기, 튀기기　　아이싱 및 장식

1. 반죽법 결정

· 완제품의 종류, 팽창, 방법, 식감을 고려한다.

· 소비자의 기호, 생산인력과 시설을 고려한다.

2. 배합표 작성

배합표는 재료의 비율과 무게를 표시한 것이다. 밀가루를 기준(100%)으로 하는 Baker's %(베이커스 퍼센트)가 기본단위다.

- **각 재료의 무게(g)** : 분할 반죽무게(g)×제품 수(개)
- **총반죽무게(g)** : 완제품 무게(g)÷1-분할손실(%)
- **총재료무게(g)** : 분할 총반죽무게(g)÷1-분할손실(%)
- **밀가루 무게(g)** : 총 재료무게(g)×밀가루배합률(%)÷총배합률(%)

Tip
- Baker's% : 밀가루 양을 기준을 두며 소규모 제과점에서 주로 사용한다.
- Ture% : 전체 재료의 합을 100%로 하며 대량 생산공장에서 주로 사용한다. 엔젤푸드케이크는 트루퍼센트를 기준으로 한다.

3. 고율배합과 저율배합

고율배합 제품은 부드러움이 지속되어 저장성이 좋은 특징이 있다.
다량의 유지와 많은 양의 액체의 양을 필요로 하므로 분리를 최소화할 유화쇼트닝을 주로 사용한다.

1) 반죽상태의 비교

반죽의 특징은 공기 혼입량이 증가할수록 공기 포집도가 많아지면서 팽창제 사용량이 감소하고 비중이 낮을수록 가벼워진다. 수분함량이 많을수록 저온에서 오래 굽게 된다.

(1) **고율배합** : 공기혼입량 많음, 반죽 내 비중 낮음, 굽기온도 저온, 화학팽창제 양 감소
　　저온장시간 굽는 오버베이킹(over baking)을 한다.

(2) **저율배합** : 공기혼입량 적음, 반죽 내 비중 높음, 굽기온도 고온, 화학팽창제 양 증가
　　고온단시간 굽는 언더베이킹(under baking)을 한다.

제 2 장

반죽법

1. 반죽법 반죽

· 밀가루, 유지, 달걀, 설탕이 주재료이다.

  특징으로는 많은 양의 유지를 사용하며, 화학적 팽창제를 이용하여 부피를 만든다.

  제품이 부드럽고 노화속도가 느리다.

· 종류는 파운드케이크, 레이어 케이크, 과일케이크, 마들렌 등이 있다.

· 제법으로는 크림법, 블렌딩법, 설탕/물법, 1단계법이 있다.

1) 크림법

큰 부피를 얻고자 할 때 사용하는 가장 기본적인 믹싱법으로, 유지와 설탕을 먼저 혼합한다. 크림화하는 데 오랜 시간이 든다. 파운드케이크, 마블파운드케이크가 대표적이다.

(1) 제조방법

유지를 부드럽게 풀고, 설탕을 나누어 넣으면서 공기를 혼입한다. 부피가 생기면 달걀을 나누어 투입한 뒤 체친 가루를 혼합하면 된다. 크림법은 분리될 수 있다.

2) 블렌딩법

부드러운 제품을 얻고자 할 때 사용한다. 글루텐 발전을 최소화하여 쉽게 부서질 수 있어, 모양을 유지하기 어려울 수 있다. 레이어케이크, 데블스푸드케이크가 대표적이다.

(1) 제조방법

차가운 유지와 밀가루를 잘게 쪼갠 뒤, 액체류(우유, 물, 달걀 등)와 소금, 설탕을 넣고 녹여 넣고 하나로 뭉치게 한다.

3) 설탕/물법

설탕을 시럽화하여 사용하므로 액당법이라고도 하며, 입자가 남지 않고, 공기혼입이 용이하다. 조밀한 기공과 조직의 내상을 얻을 수 있으며, 대량생산에서 사용한다. 양산과자류가 대표적이다.

(1) 제조방법

유지를 부드럽게 풀면서 공기를 혼입한다. 파이프를 통해 액당시럽을 투입하고 밀가루, 달걀 순으로 투입한다. 설탕과 물은 2:1 비율로 액당을 만들어 사용한다.

4) 일단계법

모든 재료를 한 번에 믹싱할 수 있고, 기계성능의 영향을 안 받는다. 노동과 시간이 절감되는 방법이다. 공기가 혼입되지 않아, 생재료 냄새와 반죽의 안정화를 위해 휴지를 거쳐야 한다. 마들렌, 브라우니류가 대표적이다.

(1) 제조방법

달걀과 건조재료를 섞고 액체유지를 혼합하여 휴지한 후 패닝하여 굽는다.

2. 거품형

- 밀가루, 달걀, 설탕, 소금이 주재료로 달걀 단백질의 유화성과 열응고성을 이용한다. 공기팽창에 해당하고, 반죽형에 비해 큰 부피를 얻을 수 있다.
- 종류는 버터스펀지케이크, 카스텔라, 롤케이크 등이 있다.
- 제법으로는 공립법(더운 믹싱법, 찬 믹싱법), 별립법, 머랭법, 단단계법이 있다.

1) 공립법

전란을 이용하여 기포를 내는 가장 보편화된 방법으로 시간·노동력을 절감할 수 있다.

(1) 더운 믹싱법(hot sponge method)

전란에 비해 설탕의 비율이 높은 경우 중탕을 43℃로 하여 설탕을 녹이고 거품을 내준다. 체 친 가루 혼합 후 60℃ 용해버터를 넣고 비중을 맞춘다. (설탕이 용해되면서 기포성과 점성이 강해지고 공기포집과 껍질색이 개선된다.)

(2) 찬 믹싱법(cold sponge method)

전란과 설탕을 중탕 없이 고속으로 기계에 거품을 내준 뒤, 체 친 가루를 혼합한 후 용해버터를 넣고 비중을 맞춘다.

2) 별립법

노른자와 흰자를 분리하여 각각 거품을 내 사용하며, 머랭이 혼합된 반죽으로 탄력을 가진 제품을 얻을 수 있다. 설비와 시간, 노동력이 증가한다.

(1) 제조방법

· 노른자와 설탕A 및 소금을 넣고 거품을 낸다.
· 흰자와 설탕B로 90%의 머랭을 만든다. 완성된 노른자 반죽에 머랭 1/3을 투입한다.
· 체 친 가루와 용해버터, 남은 머랭 2회를 순차적으로 섞고, 비중을 맞춘다.

3) 머랭법

흰자에 설탕만 첨가하여 거품을 낸 반죽으로, 종류는 프렌치머랭, 이탈리안머랭, 스위스머랭, 온제머랭, 냉제머랭이 있다.

(1) 제조방법

· 흰자를 거품을 내며 설탕 2~3회 나누어 90% 상태의 머랭을 제조한다.

· 제품에 맞는 건조재료를 가볍게 섞어준다.

 Baker's 머랭 제조 시 주의사항
- 볼에 기름기가 없어야 한다.
- 흰자에 노른자가 들어가선 안 된다.
- 흰자의 단백질을 단단히 해 기포의 기공을 치밀하게 만든다.

4) 단단계법

모든 재료를 한 번에 혼합하여 거품을 내는 방법으로 밀가루에 의해 달걀의 기포성이 떨어져, 유화 기포제를 사용한다. 간편하지만 기계성능이 좋아야 한다.

(1) 제조방법

· 액체재료를 제외한 나머지를 투입하여 거품을 내준다.

· 유지＋액체재료를 온도를 맞추어 혼합 후 비중을 맞춘다.

3. 시폰형

· 부드러움과 동시에 조직, 부피를 가질 수 있는 반죽법이다.
  화학적 팽창과 물리적 팽창이 동시에 이루어지는 복합팽창이다.
· 종류는 시폰케이크가 있다.

(1) 제조방법

· 노른자, 설탕A, 소금, 식용유, 물을 순차적으로 혼합한다.

· 흰자와 설탕B로 머랭을 제조한다.

· 노른자 반죽에 머랭 1/3을 넣은 뒤, 가루류 혼합 후 나머지 머랭을 넣고 마무리한다.

4. 복합형

· 크림법과 머랭법을 혼합한 제법이다.

  화학적 팽창과 물리적 팽창이 동시에 이루어지는 복합팽창이다.

· 종류는 과일파운드케이크, 치즈케이크가 있다.

(1) 제조방법

· 유지에 공기를 충분히 혼합하고 소금, 설탕, 노른자를 넣고 부드러운 크림으로 제조
  한다.

· 흰자+설탕으로 머랭을 만든다.

· 크림법 반죽에 머랭 1/3을 넣은 뒤, 가루류를 혼합한다.

· 나머지 머랭을 넣고 마무리한다.

제 3 장
성형방법과 패닝

1. 성형방법

· **찍기** : 모양틀을 사용하여 찍는다.

· **짤주머니** : 모양깍지를 사용, 철판에 짠다.

· **패닝** : 제품에 따라 해당하는 일정한 팬 용적에 맞춰 채워 굽는다.

2. 패닝

1) 제품의 비용적

· **비용적 정의** : 1g의 반죽이 차지하는 부피이다. (단위: ㎤)

· **반죽 양 계산법** : 틀부피÷비용적=반죽무게

· **제품별 비용적** : 파운드케이크 2.40㎤/g,   레이어케이크 2.96㎤/g
엔젤푸드케이크 4.71㎤/g,   스펀지케이크 5.08㎤/g

· 동일한 틀에 구웠을 때, 비용적이 작을수록 패닝 양이 많고, 클수록 패닝 양이 적다.

2) 틀 부피 계산법

· **원형팬** : 팬의 용적(㎤) = 반지름×반지름 × 3.14 × 높이

· **옆면이 경사진 둥근 틀** : 팬의 용적(㎤) = 평균반지름×평균반지름 × 3.14 × 높이
(윗지름+아랫지름)÷ 2 = 평균반지름

· **옆면과 가운데 관이 경사진 원형 팬(엔젤팬)** : 팬의 용적(㎤) = 바깥팬의 용적 – 안쪽팬의 용적

바깥평균 반지름 × 바깥평균 반지름 × 3.14 × 높이 = 바깥팬의 용적

안쪽평균 반지름 × 안쪽평균 반지름 × 3.14 × 높이 = 안쪽팬의 용적

· **옆면이 경사진 사각틀** : 팬의 용적(㎤) = 평균가로 × 평균세로 × 높이

(아래가로+위가로) ÷ 2 = 평균가로

(아래세로+위세로) ÷ 2 = 평균세로

제 4 장
제품별 제조공정

1. 제누아즈

전란 그대로 거품을 내는 공립법으로 버터를 첨가해 만드는 스펀지 반죽이다. 공립법의 반죽은 별립법의 반죽보다 거품 양은 적으나 촉촉하고 치밀한 것이 특징이다. 부드럽고 유동성이 있는 반죽이므로 짜내서 굽는 경우는 없고 틀에 넣거나 철판에 부어서 구워낸다. 버터를 첨가해서 만드는 스펀지 반죽은 일반적으로 공립법으로 만드는 경우가 많다. 버터가 들어가기 때문에 풍미에 깊이가 있으며, 크렘 오 뵈르 등 농후한 풍미의 크림과 조합하기도 좋다.

1) 제누아즈 제조 공정

· 전란을 가볍게 풀어 설탕을 넣은 후 더운 믹싱방법으로 열을 가한다. (43℃ 중탕)
· 중탕에서 꺼내 거품을 내기 시작한다. 반죽을 들어 올렸을 때 진득하게 일정한 폭을 유지하면서 부드럽게 흘러 떨어지고 떨어진 반죽의 모양이 잠시 남아 있다가 사라지는 상태가 될 때까지 거품을 낸다. 이 상태를 리본 상태라고 한다.
· 체질한 박력분은 나무주걱 또는 고무주걱으로 가루가 없을 때까지 혼합한다.
· 중탕으로 녹인 버터를 주걱으로 빠르게 반죽 전체에 버터를 크게 자르듯이 섞는다.

제누아즈

2. 비스퀴 조콩드

비스퀴 조콩드는 버터의 배합량이 일반적인 비스퀴 오 뵈르(제누아즈)와 다르지 않으나, 밀가루의 대부분을 아몬드 파우더로 대치해서 만들기 때문에 비스퀴 반죽의 촉촉함과 부드러움은 그대로 유지하면서 반죽 그 자체에 아몬드의 고소한 풍미가 더해져 깊이가 생겨난다. 이 반죽은 더욱 풍부한 맛의 크림과 조합해서 과자를 만들어도 크림의 농후함에 밀리지 않으므로 과자 전체의 균형을 깨뜨리지 않는다. 용도가 다양한 반죽이라고 할 수 있다.

1) 비스퀴 조콩드 제조공정

· 노른자와 체질한 아몬드 파우더, 박력을 넣고 믹서를 사용하여 고속으로 미색이 날 때까지 휘핑한다.
· 흰자와 설탕은 머랭 80~90% 거품을 올린다.
· 노른자 반죽에 머랭을 넣고 가볍게 혼합한다.
· 중탕한 버터는 반죽에 넣고 재빨리 섞는다.
· 철판에 균등한 두께로 부어서 펴준다.

비스퀴 조콩드

비스퀴 쇼콜라 조콩드

크림이란?

우유나 생크림을 원료로 하고 다른 재료를 배합한 것을 일컫는다.
크림류의 주재료는 우유, 생크림, 달걀, 설탕, 버터이며 여기에 풍미를 더하기 위해
리큐르, 향료, 초콜릿, 과실, 건과, 가루, 젤라틴을 배합한다.

- 크렘 파티시에르 + 버터 = 크렘 무슬린
- 크렘 파티시에르 + 머랭 = 크렘 시부스트
- 크렘 파티시에르 + 크렘 마망드 = 크렘 프랑지판
- 크렘 파티시에르 + 생크림(크렘 샹티이/크렘 푸에테) = 크렘 레제
- 크렘 파티시에르 + 초콜릿 = 크렘 퐁당
- 크렘 파티시에르 + 초콜릿 = 크렘 가나슈
- 크렘 오 뵈르(버터크림), 크렘 앙글레즈 등

Cream

제 5 장
버터크림 종류(샌드용)

1. 앙글레즈 버터크림

○ **기본배합** : 노른자 40, 설탕 30, 우유 50, 버터 100

· **특징** : 우유가 들어가 다른 크림에 비해 수분감이 많다.

· **맛** : 노른자가 들어가서 고소하고 부드럽게 입에서 녹는다.

· **활용** : 수분감이 많아 빡빡한 가루 재료들과 궁합이 잘 맞고 앙글레즈 소스를 만들 때 바닐라빈을 함께 넣어 바닐라맛 크림으로 만들면 좋음

Ex 말차가루, 코코아가루, 콩가루, 미숫가루, 흑임자가루

2. 파타봄브 버터크림

○ **기본배합** : 노른자 60, 설탕 100+물 35, 버터 200

· **특징** : 앙글레즈 버터크림보다 우유가 들어가지 않아 좀 더 단단한 느낌이다.

· **맛** : 노른자가 들어가서 고소하고 더 진한 맛이다.

· **활용** : 고소하고 진한 재료들과 잘 어울린다.

Ex 녹인 초콜릿(가나슈), 피스타치오 페이스트, 누텔라, 땅콩잼, 프랄린

3. 이탈리안머랭 버터크림

○ **기본배합** : 흰자 50, 설탕 80+물 20, 버터 200

· **특징** : 이탈리안머랭의 기포 때문에 다른 크림들보다 가볍고 산뜻하다.

· **맛** : 세가지 중에 가장 느끼하지 않고 뒷맛이 가볍고 깔끔하다.

· **활용** : 어떤 맛이나 재료와도 무난하게 잘 어울린다. 과일과 섞으면 궁합이 좋다

Ex 과일잼, 과일 콩포트, 과일청, 과일퓌레

 꿀리와 퓌레의 차이점
- 퓌레 : 과일이나 채소 등을 곱게 갈아낸 것
- 꿀리 : 퓌레를 좀 더 농도 있게 조리한 것(젤리보다는 말랑하고 퓌레보다는 단단한 질감)
- * 디저트에서 꿀리는 젤라틴 또는 펙틴을 소량으로 넣어 모양은 유지하지만 소프트한 질감으로 무스 같은 디저트에 많이 사용한다.

제과기능장의 케이크 노하우 따라하기

제 2 부

제품별 레시피

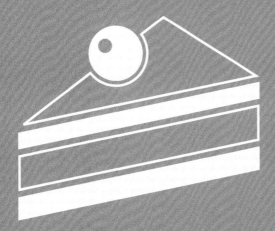

Strawberry Cake

딸기 케이크(2호 3개 분량)

재료

스펀지시트(g)

달걀	506
설탕	275
암소박력분	251
베이킹파우더	4
유화제	16
우유	48
식용유	48
피트 발효버터	48

제조공정

1 달걀, 설탕, 박력분, 베이킹파우더, 유화제를 넣고 거품을 올린다.

2 데운 우유를 넣고 섞어준다.

3 오일, 중탕버터를 넣고 섞어준다.

4 비중을 체크한다. (0.5~0.55)

5 패닝한다.

6 175/160℃, 25~30분 굽는다.

재료

시럽(g)

물	200
설탕	264

딸기잼(g)

딸기	250
설탕	125
레몬즙	15

제조공정

1 물과 설탕을 끓인다.
2 냉각 후 사용 용도에 맞게 희석하여 사용한다.

1 딸기는 세척 후 블렌더로 곱게 갈아준다.
2 냄비에 설탕과 딸기를 넣고 끓여준다.
3 찬물에 딸기잼을 한 방울 떨어뜨렸을 때 물에 들어가자마자 퍼지지 않고 젤리처럼 모양 그대로 있을 시 되기를 조절하여 완성한다.
4 불 끄고 레몬즙 넣고 마무리한다.
5 식힌 후 사용한다.

재료

크렘 무슬린(g)

재료	
우유	300
노른자	108
설탕	57
전분	21
설탕	150
물	50
흰자	36
피트 발효버터	500

제조공정

1 우유는 데운다.
2 노른자와 설탕을 섞어 준 후 옥수수전분을 섞어준다.
3 두 재료를 혼합한 후 걸쭉하게 끓인다.
4 체에 내린 후 식힌다.
5 흰자 머랭을 올린다.
6 물과 설탕으로 114~118℃에서 시럽을 만든다.
7 시럽을 흰자에 넣어 이탈리안 머랭을 완성한다.
8 버터를 머랭에 조금씩 넣으면서 부드러운 버터크림을 완성한다.
9 크렘파티시에와 버터크림을 혼합한다.

Montage et Finition

3호 무슬린 틀을 이용하여 생딸기 레이어가 보이게 완성한다.

Sweet potato cake

고구마 케이크(2호 3개 분량)

재료

스펀지시트(g)

달걀	506
설탕	275
암소박력분	251
베이킹파우더	4
유화제	16
우유	48
식용유	48
피트 발효버터	48

제조공정

1 달걀, 설탕, 박력분, 베이킹파우더, 유화제를 넣고 거품을 올린다.
2 데운 우유를 넣고 섞어준다.
3 오일, 중탕 버터를 넣고 섞어준다.
4 비중을 체크한다. (0.5~0.55)
5 패닝한다.
6 175/160℃, 25~30분 굽는다.

재료

시럽(g)

물	250
설탕	125

고구마 필링(g)

구운 고구마	450
설탕	125
연유	60
설탕	30
우유	150

제조공정

1 물과 설탕을 끓인다.
2 냉각 후 사용 용도에 맞게 희석하여 사용한다.

1 구운 고구마는 뜨거울 때 으깨어 준다.
2 생크림, 연유, 설탕, 우유 순서대로 넣어가며 섞어 되기를 조절한다.
3 부드러운 필링을 만든다.

재료

크렘 디플로마트(g)

우유	320
설탕A	80
노른자	96
설탕B	80
전분	32
피트 발효버터	14
생크림	1000

제조공정

1 우유와 설탕A를 넣고 데운다.

2 노른자, 설탕B, 전분을 넣고 섞어준다.

3 두 재료 혼합 후 중·약불에서 되직하게 끓인다.

4 버터 넣고 부드럽게 혼합한다.

5 생크림 70~80% 거품 올린다.

6 생크림 1: 커스터드크림 1 비율로 혼합하여 사용한다.

Montage et Finition

케이크 아이싱

Dark Cherry Cake

다크체리 케이크(2호 3개 분량)

재료

키르쉬 시트(g)

전란	570
설탕A	149
꿀	59
트리몰린	33
물	52
암소박력분	225
코코아가루	39
베이킹소다	1
설탕B	149
식용유	52
우유	52
럼주	14

제조공정

1 전란에서 흰자와 노른자를 분리한다.

2 노른자에 설탕A, 꿀, 트리몰린을 넣고 미색이 나게 믹싱한다.

3 흰자는 설탕B 넣고 머랭 80~90% 거품 올린다.

4 노른자 반죽에 머랭 1/2 혼합 후 체질한 박력, 코코아가루, 베이킹 소다, 물 넣고 혼합한다.

5 식용유 혼합, 우유, 럼주 넣고 섞어준다.

6 나머지 머랭 넣고 반죽 비중을 체크한다. (0.5~0.55)

7 패닝한다.

8 180/160℃, 25~30분 굽는다.

9 냉각한다.

재료

시럽(g)

물	250
설탕	125
체리술	15

제조공정

1 물과 설탕을 끓인다.
2 불 끄고 체리술을 넣고 마무리한다.

재료

생크림(g)

생크림	1000
설탕	90
포도당	10
다크체리	1캔
다크초콜릿	150

제조공정

1 생크림, 설탕, 포도당을 넣고 1일 냉장 숙성한다.

2 생크림은 80% 거품을 올린다.

Montage et Finition

케이크 아이싱

shine muscat cake

샤인머스캣 케이크(2호 3개 분량)

재료

아몬드 제누와즈(g)

암소박력분	320
아몬드분말	80
설탕	320
달걀	440
피트 발효버터	60

제조공정

1 달걀, 설탕을 넣고 중탕으로 설탕을 녹인다. (43℃)

2 기계 중속으로 미색이 나게 믹싱한다.

3 가루분 혼합, 중탕한 버터는 일부 반죽에 섞어 가볍게 혼합한다.

4 비중을 체크한다. (0.48~0.5)

5 패닝한다.

6 170/160℃, 30~40분 굽는다.

샤인머스캣 케이크 (2호 3개 분량)

재료

시럽(g)

물	160
설탕	211
레몬즙	12

제조공정

1 물, 설탕을 넣고 끓인다.
2 레몬즙 넣고 마무리한다.

재료

요거트 샌크림(g)

샌크림	1,000
설탕	60
플레인요거트	40
요거트파우더	30
복숭아잼(샌드용)	50

제조공정

1 모든 재료를 혼합하여 냉장에 2~3시간 숙성한다.
2 믹싱기를 이용하여 거품을 80% 올린다.

Montage et Finition

케이크 아이싱, 샤인머스캣(데코, 샌드), 슈거파우더(데코)

Fruits chocolate cake

후르츠 초코케이크(2호 3개 분량)

재료

초코시트(g)

달걀	600
설탕	310
노른자	28
암소박력분	250
코코아가루	40
베이킹소다	4
피트 발효버터	160
식용유	60
럼주	10

제조공정

1 달걀, 노른자, 설탕을 넣고 중탕(45~49℃ 사이)하여 설탕을 녹인다.
2 믹싱기에 넣고 미색이 나고 **뻑뻑하게** 믹싱한다.
3 박력분, 코코아가루, 베이킹소다를 체질하여 혼합한다.
4 버터, 식용유를 중탕으로 50℃가 넘지 않게 중탕하여 반죽을 혼합한다.
5 럼주 넣고 반죽을 마무리한다.
6 패닝 후 비중을 체크한다. (0.5~0.55)
7 180/160℃, 25~30분 굽는다.

재료

시럽(g)

물	160
설탕	211
레몬즙	12

제조공정

1 물, 설탕을 넣고 끓인다.
2 레몬즙 넣고 마무리한다.

재료

크렘샹티(g)

생크림	1000
설탕	100
트리플섹	15
퀴스크렘 마스카포네	300
바닐라에센스	3

제조공정

1 생크림, 설탕, 트리플섹을 혼합한다.
2 마스카포네, 에센스를 혼합한다.
3 크렘샹티는 얼음물을 받치고 거품을 80% 올려준다.

Montage et Finition

후르츠칵테일 1캔, 제철과일 1팩, 케이크아이싱

Raspberry Mousse Cake

산딸기 무스케이크(1호 3개 분량)

재료

샤블레(g)

피트 발효버터	150
설탕	108
달걀	44
곰표중력분	240
베이킹파우더	5

제조공정

1. 버터 풀어 설탕 넣고 주걱으로 섞어준다.
2. 달걀은 나누어 넣어주면서 섞어준다.
3. 체질한 중력, 베이킹파우더 넣고 한 덩어리로 만든 후 냉장숙성한다.
4. 원형 또는 사각으로 틀에 맞게 재단하거나 구운 후에 재단한다.
5. 200/200℃, 10~15분 굽는다.

재료

비스퀴 조콩드(g)

전란	140
아몬드파우더	100
슈거파우더	100
흰자	200
설탕	120
암소박력분	90

산딸기 잼(g)

산딸기 홀	150
설탕A	75
설탕B	37
펙틴	4

제조공정

1 믹싱기에 전란, 아몬드파우더, 슈거파우더, 박력분을 넣고 미색이 나고 뻑뻑하게 믹싱한다.

2 흰자, 설탕을 넣고 머랭을 90%까지 올린다.

3 전란 반죽에 머랭을 2~3회로 나누어 넣으면서 부드러운 반죽을 완성한다.

4 실리콘 패드에 패닝한다.

5 굽기 200/210℃ 7~10분

1 산딸기 홀, 설탕A를 냄비에 넣고 40℃로 데운다.

2 설탕B, 펙틴을 넣어 103℃까지 끓여준다.

3 식힌 후 보관하여 사용한다.

재료

화이트초콜릿 휘핑크림(g)

생크림A	225
물엿	20
바닐라빈	1개
화이트초콜릿	320
피트 발효버터	30
생크림B	550

글레이즈(g)

물	196
물엿	394
설탕	300
젤라틴 매스	162
연유	135
화이트초콜릿	600

제조공정

1 생크림A, 물엿, 바닐라빈을 냄비에 넣고 90℃까지 끓인다.
2 화이트초콜릿, 데운 생크림, 버터를 넣고 화이트가나슈를 완성한 후 식힌다.
3 생크림과 가나슈 두 재료를 혼합 후 1일 냉장 숙성하여 사용한다.

1 젤라틴 매스를 제조한다. (젤라틴분말 1 : 물 5)
2 냄비에 물, 물엿, 설탕, 연유 넣고 103℃로 끓인다.
3 화이트초콜릿을 혼합한 후 바믹서로 갈아준다.

Montage et Finition

1 인서트(비스퀴-잼-비스퀴)를 냉동하여 굳힌다.
2 사블레-화이트 휘핑크림-인서트-화이트 휘핑크림을 냉동하여 굳힌다.
3 글레이즈 코팅을 한다.

Chocolate Mousse Cake

초콜릿 무스케이크(1호 3개 분량)

재료

비스퀴 쇼콜라(g)

노른자	252
설탕A	108
흰자	306
설탕B	180
암소박력분	126
아몬드가루	90
코코아가루	54
피트 발효버터	60

제조공정

1 노른자, 설탕A 혼합 후 설탕이 녹으면 박력분, 아몬드가루, 코코아가루 넣고 뻑뻑하게 믹싱한다.

2 다른 볼에 흰자, 설탕B 넣고 머랭을 90% 올린다.

3 노른자 반죽에 머랭 1/2 투입하고 혼합한 후 중탕한 버터와 나머지 머랭을 넣고 부드러운 상태의 반죽을 완성한다.

4 실리콘 패드에 패닝한 후 210/200℃, 10~12분 굽는다.

재료

바닐라 가나슈(g)

생크림	375
바닐라빈	1개
바닐라에센스	6
판젤라틴	3장
화이트초콜릿	375

초코무스크림(g)

다크초콜릿	150
아몬드프랄린	60
시럽	42
노른자	44
설탕	300
젤라틴	4장

제조공정

1 바닐라빈을 생크림에 넣고 60℃로 데운 후 30분간 우려낸다.
2 바닐라에센스를 넣고 마무리한다.
3 화이트초콜릿을 넣고 혼합 후 바믹서로 유화한다.
4 판젤라틴(찬물-중탕-초콜릿에 혼합)을 사용한다.

1 다크 중탕, 프랄린 혼합, 불린 젤라틴 뜨거울 때 투입한다.
2 118℃로 끓인 시럽(설탕 7: 물 3)을 믹싱한 노른자에 넣으면서 뻑뻑하게 믹싱하여 파트아봄브를 만든다.
3 생크림은 50% 거품을 낸다.
4 두 재료를 혼합하여 사용한다.

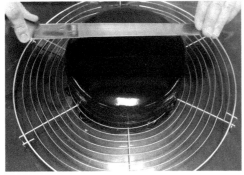

재료

글라사주(g)

물	150
설탕	250
생크림	150
코코아가루	100
젤라틴	6

제조공정

1 물, 설탕, 코코아가루, 생크림 넣고 104℃까지 끓인다.

2 불을 끄고 불린 젤라틴을 투입한다.

3 체에 내린다.

Montage et Finition

1 인서트(비스퀴-바닐라 가나슈-비스퀴)-냉동

2 비스퀴-초코생크림-인서트-초코생크림- 냉동

3 글라사주 코팅

Tiramisu Cake

티라미수 케이크(1호 3개 분량, 12cm 원형 무스링)

재료

레이디 핑거 반죽(g)

암소박력분	135
전란	243
설탕A	67
설탕B	67
베이킹파우더	3
슈거파우더(데코)	50

제조공정

1 노른자에 설탕A 넣고 미색이 날 때까지 믹싱한다.

2 흰자에 설탕B 넣고 머랭을 90% 올린다.

3 노른자 반죽에 머랭 1/2을 섞은 후 박력분, 베이킹파우더 체질하여 혼합한다.

4 나머지 머랭 넣고 섞어서 마무리한다.

5 유산지에 원형 모양으로 패닝 후 슈거파우더를 뿌려준다.

6 160/150℃, 10~15분 굽는다.

재료

카페시럽(g)

물	200
설탕	270
커피	150
깔루아	60

제조공정

1. 냄비에 물과 설탕 넣고 보메 시럽을 끓인다.
2. 인스턴트 커피를 섞어 시럽과 혼합한다.
3. 불 끄고 깔루아를 넣어 마무리한다.

재료

티라미수 크림(g)

퀘스크렘
마스카포네A · 249

노른자 ········· 56

설탕 ··········· 84

물 ············· 25

젤라틴 ··········· 6

퀘스크렘
마스카포네B · 51

생크림 ········· 339

제조공정

1 노른자, 설탕으로 파트아봄브를 제조한다. (노른자 90, 설탕 80+물 25를 118°C에서 시럽화한 후 노른자 혼합)

2 퀘스크렘 마스카포네A에 파트아봄브와 중탕 젤라틴 넣고 부드럽게 섞어 만든다.

3 살짝 데운 생크림 넣고 포마드 상태의 퀘스크렘 마스카포네B 넣고 티라미수 크림을 완성한다.

Montage et Finition

레이디핑거 원형-카페시럽 바르기-티라미수 크림 순으로 겹겹이 쌓아 올린다.

Tiramisu Mini Square Cake

티라미수 미니 사각 케이크(3개 분량, 8×8)

재료

레이디 핑거 반죽(g)

암소박력분	135
전란	243
설탕A	67
설탕B	67
베이킹파우더	3
슈거파우더 (데코용)	50

제조공정

1 노른자, 설탕A 넣고 미색 나게 믹싱한다.

2 흰자, 설탕B 넣고 머랭을 90%로 올린다.

3 노른자 반죽에 머랭 1/2 섞은 후 박력, 베이킹 체질하여 혼합한다.

4 나머지 머랭 넣고 반죽 마무리한다.

5 유산지에 손가락 모양으로 패닝 후 슈거파우더 뿌려준다.

6 160/150℃, 10~15분 굽는다.

재료

카페시럽(g)

물	200
설탕	270
커피	150
깔루아	60

제조공정

1 냄비에 물, 설탕 넣고 30보메 시럽 끓인다.

2 인스턴트 커피를 섞어 시럽과 혼합한다.

3 불 끄고 깔루아 넣어 마무리한다.

재료

티라미수 크림(g)

퀘스크렘	
마스카포네A	249
노른자	56
설탕	84
물	25
젤라틴	6
퀘스크렘	
마스카포네B	51
생크림	339

제조공정

1 노른자, 설탕으로 파트아봄브를 제조한다. (노른자 90, 설탕 80+물 25를 118℃에서 시럽화한 후 노른자 혼합)
2 퀘스크렘 마스카포네A에 파트아봄브와 중탕 젤라틴을 넣고 부드럽게 반죽을 만든다.
3 살짝 데운 생크림과 포마드 상태의 퀘스크렘 마스카포네B 넣고 티라미수 크림으로 마무리한다.

Montage et Finition

레이디핑거-카페시럽 앞뒤 담그기-티라미수 크림 순으로 겹겹이 쌓아 사각틀 안에 넣는다.

Green Tea Chiffon Cake

녹차 시폰케이크(2호 3개 분량)

재료

시폰시트(g)

전란	375
설탕A	162
설탕B	162
소금	2.5
주석산	2.5
암소박력분	250
베이킹파우더	5
식용유	100
녹차농축액	50
녹차가루	10

제조공정

1 전란을 흰자/노른자 분리한다.

2 노른자에 식용유, 소금, 설탕A, 녹차농축액 가볍게 혼합 후 체질한 가루분을 넣고 매끈하게 반죽 마무리한다.

3 흰자에 설탕B, 주석산 넣고 머랭 80% 거품을 올린다.

4 노른자 반죽에 머랭 1/2투입, 나머지 머랭을 넣고 부드럽게 반죽 마무리한다.

5 비중을 체크한다. (0.45~0.48)

6 패닝한다.

7 170/160℃, 25~30분 굽는다.

8 뒤집어 냉각 후 틀을 제거한다.

녹차 시폰케이크 (2호 3개 분량)

재료

녹차시럽(g)

물	250
설탕	125
녹차 농축액	10

제조공정

1 물, 설탕을 끓인다.
2 녹차 농축액 넣고 마무리한다.

재료

생크림(g)

생크림	⋯⋯	1000
설탕	⋯⋯	100
녹차농축액		10

제조공정

1   생크림, 설탕, 농축액 넣고 거품을 80% 올린다.

Montage et Finition

시폰케이크 아이싱

Orange Chiffon Cake

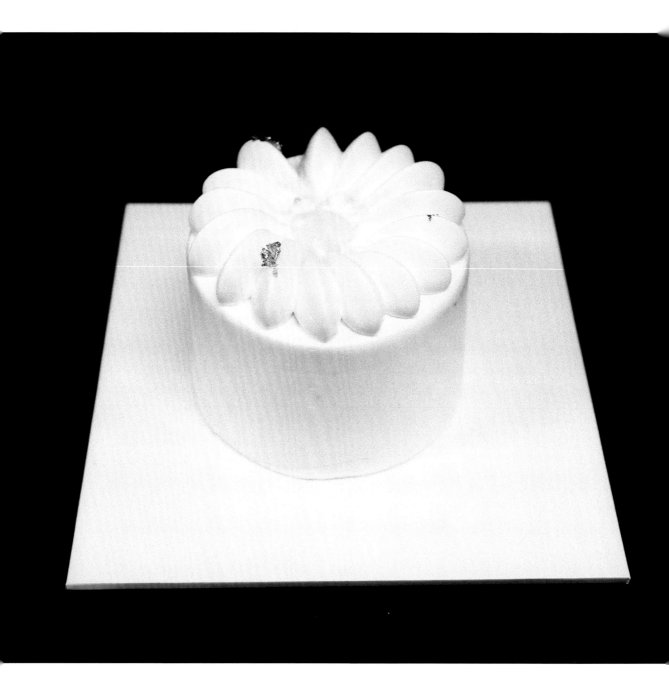

오렌지 시폰케이크(2호 3개 분량)

재료

시폰시트(g)

전란	375
설탕A	162
설탕B	162
소금	2.5
주석산	2.5
암소박력분	250
베이킹파우더	5
식용유	100
오렌지농축액	50
오렌지 제스트	4

제조공정

1 전란을 흰자와 노른자로 분리한다.

2 노른자에 식용유, 소금, 설탕A, 오렌지 농축액, 오렌지 제스트를 가볍게 혼합한 후 체질한 가루분을 넣고 매끈하게 반죽을 마무리한다.

3 흰자에 설탕B, 주석산을 넣고 머랭 쳐 거품을 80% 올린다.

4 노른자 반죽에 머랭 1/2 투입, 나머지 머랭 넣고 반죽을 부드럽게 마무리한다.

5 비중을 체크한다. (0.45~0.48)

6 패닝한다.

7 170/160℃, 25~30분 굽는다.

8 뒤집어 냉각한 후 틀을 제거한다.

재료

오렌지 시럽(g)

물	250
설탕	125
오렌지농축액	10

제조공정

1 물, 설탕을 끓인다.
2 오렌지농축액 넣고 마무리한다.

재료

시생크림(g)

생크림 ·········	1000
설탕 ·········	100
오렌지농축액	10

제조공정

1 생크림, 설탕, 농축액 넣고 거품을 80% 올린다.

Montage et Finition

시폰케이크 아이싱

Vanilla Dacquoise

바닐라 다쿠아즈(3개 분량, 12×12)

재료

다쿠아즈 시트(g)

흰자	321
설탕	79
분당	198
주석산	2
아몬드분말	198
바닐라에센스	6

제조공정

1   믹싱 볼에 흰자, 설탕, 주석산을 넣고 머랭을 90~100%까지 올린다.

2   분당, 아몬드분말, 바닐라에센스를 반죽에 넣고 가볍게 혼합한다.

3   유산지 위에 원형으로 3~4개 패닝 후 슈거파우더를 뿌려준다.

4   160/160℃, 15~20분 굽는다.

재료

헤이즐넛 크림(g)

| 헤이즐넛프랄리네 | 84 |
| 생크림 | 519 |

다크가나슈(g)

| 다크초콜릿 | 378 |
| 생크림 | 600 |

제조공정

1 생크림은 80~90% 거품 올린 후 프랄리네를 혼합한다.

1 생크림과 초콜릿은 각각 40℃ 미만으로 중탕하고, 생크림을 3~4회로 나누어 초콜릿에 섞어준다.

재료

캐러멜 헤이즐넛(g)

통 헤이즐넛	240
설탕	80
물	28
피트 발효버터	10

제조공정

1 통 헤이즐넛은 구워놓는다.
2 냄비에 설탕, 물 넣고 끓이다가 물엿 같은 상태가 되면 통헤이즐넛을 넣고 캐러멜화를 한다. 불 끄고 버터 넣고 실리콘패드에 옮겨 식힌다.
3 캐러멜 코팅된 통헤이즐넛은 적당한 크기로 잘라 준비해놓는다.

Montage et Finition

바닐라 다쿠아즈 시트-헤이즐넛크림, 다크가나슈는 원형깍지 끼워 파이핑을 지그재그로 층층이 올린 후 캐러멜 헤이즐넛도 중간중간에 같이 넣어준다.

Chocolate Dacquoise

초코 다쿠아즈(3개 분량, 12×12)

재료

초코다쿠아즈 시트(g)

흰자	321
설탕	79
분당	198
주석산	2
아몬드분말	198
코코아파우더	10
베이킹소다	2
바닐라에센스	6

제조공정

1 믹싱볼에 흰자, 설탕, 주석산을 넣고 머랭을 90~100%까지 올린다.

2 분당, 아몬드분말, 코코아파우더, 베이킹소다, 바닐라에센스를 반죽에 넣고 가볍게 혼합한다.

3 유산지 위에 원형으로 3~4개 패닝 후 슈거파우더 뿌려준다.

4 160/160℃, 15~20분 굽는다.

재료

헤이즐넛 크림(g)

헤이즐넛 프랄리네	84
생크림	519

다크가나슈(g)

다크초콜릿	378
생크림	600

제조공정

1 생크림은 80~90% 거품 올린 후 프랄리네 혼합한다.

1 생크림과 초콜릿은 각각 40℃ 미만으로 중탕하고 생크림을 3~4회로 나누어 초콜릿에 섞어준다.

재료

캐러멜 헤이즐넛(g)

통 헤이즐넛	240
설탕	80
물	28
피트 발효버터	10

제조공정

1 통 헤이즐넛은 구워놓는다.

2 냄비에 설탕, 물 넣고 끓이다가 물엿 같은 상태가 되면 통헤이즐넛을 넣고 캐러멜화를 한다. 불 끄고 버터 넣고 실리콘패드에 옮겨 식힌다.

3 캐러멜 코팅된 통헤이즐넛은 적당한 크기로 잘라 준비해놓는다.

Montage et Finition

초코다쿠아즈 시트-헤이즐넛크림, 다크가나슈는 원형깍지를 끼워 파이핑을 지그재그로 층층이 올린 후 캐러멜 헤이즐넛도 중간중간에 같이 넣어준다.

Brownie Cheese Cake

브라우니 치즈케이크(1호 3개 분량)

재료

브라우니 시트(g)

곰표중력분	125
다크초콜릿	250
달걀	270
설탕	75
올리브유	125
베이킹파우더	5

제조공정

1 달걀에 설탕을 넣어준 후 미색이 날 때까지 믹싱한다.

2 다른 볼에 다크초콜릿을 중탕 후 올리브유를 넣어 혼합해준다.

3 달걀 반죽과 초콜릿을 섞어준다.

4 체에 내린 중력분을 넣고 반죽을 혼합한다.

5 판에 원형으로 패닝한다.

6 170/170℃, 10~15분 굽는다.

재료

크림치즈 반죽(g)

퀘스크렘 레귤러	
크림치즈	700
설탕	100
전란	110
바닐라 익스트랙	30
생크림	350
레몬즙	30

제조공정

1 크림치즈를 부드럽게 풀어준다.

2 설탕을 넣고 녹을 때까지 섞어준다.

3 설탕이 녹았으면 전란을 천천히 투입하면서 공기가 많이 들어가지 않도록 주걱으로 섞어준다.

4 살짝 데운 생크림을 넣어준다.

5 레몬즙과 바닐라 익스트랙을 넣고 묽은 상태의 반죽을 체에 내려준다.

6 구운 원형 틀에 크림치즈 반죽을 90% 넣어준다.

7 145/145℃, 30분 굽는다.

Montage et Finition

브라우니 시트 굽기-크림치즈 반죽 담기-굽기-식히기

Orange Pound Cake

오렌지 파운드케이크(3개 분량, 7×14)

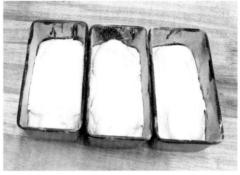

재료

파운드반죽(g)

피트 발효버터	125
우유버터	90
설탕	125
트리몰린	17
전란	215
암소박력분	176
아몬드분말	44
베이킹파우더	5
오렌지필	110
소금	1
럼주	8
우유	22

제조공정

1 파운드팬에 녹인 버터를 발라 준비한다.

2 믹싱볼에 버터, 우유버터를 넣고 설탕, 소금과 트리몰린과 함께 크림화한다.

3 달걀은 익지 않게 중탕하여 크림화된 반죽에 3~4회 나누어 넣는다.

4 믹싱볼에 가루재료를 넣어 혼합해준다.

5 럼에 재워놓은 오렌지필과 우유를 넣고 혼합한다.

6 미니파운드 틀에 패닝한다.

7 210/190℃, 10분 구운 후 칼집 내고 다시 200/190℃, 30분 굽는다.

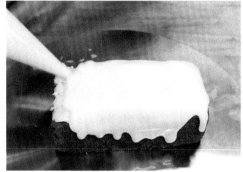

재료

글레이즈(g)

슈거파우더	320
레몬즙	60
물	10

제조공정

1 물을 제외한 재료를 넣고 혼합한다.
2 물은 되기를 조절하면서 넣어준다.

Montage et Finition

글레이즈 코팅

Copy The Cake Know-How
of The Bakery Master

Lemon Pound Cake

레몬 파운드케이크(3개 분량, 7×14)

재료

파운드 반죽(g)

피트 발효버터	108
설탕	216
소금	1
레몬제스트	10
달걀	259
생크림	108
박력분	172
아몬드가루	108
베이킹파우더	3.5
레몬리큐르	32

제조공정

1 버터, 설탕, 소금, 레몬제스트 넣고 크림화한다.

2 달걀과 생크림을 순서대로 넣으면서 부드러운 크림 상태를 완성한다.

3 체질한 박력, 아몬드가루, 베이킹파우더를 혼합한다.

4 레몬리큐르를 넣고 반죽 마무리한다.

5 파운드틀에 패닝한 후 U자로 반죽 고르기한다.

6 170/170℃, 25~30분 굽는다.

레몬 파운드케이크(3개 분량, 7×14)

재료

레몬크림(g)

우유	320
설탕A	80
노른자	96
설탕B	80
전분	32
피트 발효버터	14
레몬즙	20

제조공정

1 우유, 설탕A를 데운다.

2 노른자, 설탕B, 전분을 넣고 미색이 나게 섞어준다.

3 두 재료를 혼합한 후 되직하게 끓인다.

4 불 끄고 버터 넣고 냉각한 후 레몬즙을 혼합한다.

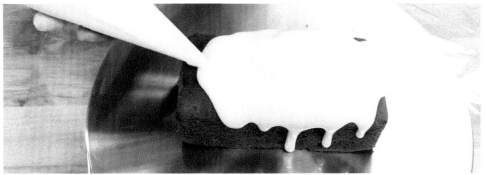

재료

글레이즈(g)

슈거파우더	320
레몬즙	60
말린 과일 슬라이스	6개

제조공정

1 슈거파우더, 레몬즙을 천천히 넣으면서 뻑뻑하게 만든다.
2 레몬은 슬라이스하여 데코로 준비한다.

Montage et Finition

레몬크림 샌드, 글레이즈 코팅 후 말린 과일 슬라이스 데코한다.

Banana Caramel Cake

바나나 캐러멜 케이크(3개 분량, 7×14)

재료

바나나 케이크시트(g)

피트 발효버터	160
흑설탕	230
달걀	120
생바나나	300
암소박력분	250
베이킹파우더	10
넛메그	2
소금	2

제조공정

1 버터를 부드럽게 풀어 흑설탕, 소금을 2~3번 나누어 크림화한다.
2 달걀을 천천히 넣으면서 분리되지 않게 크림 상태의 반죽을 만든다.
3 박력분, 베이킹파우더, 넛메그는 체질하여 반죽에 투입한다.
4 생바나나는 다이스로 잘라 투입한다.
5 패닝한다.
6 170/150℃, 20~25분 굽는다.

바나나 캐러멜 케이크(3개 분량, 7×14)

재료

캐러멜 버터크림(g)

설탕	280
물엿	160
버터	400
생크림	360
바닐라에센스	8
소금	4

제조공정

1 냄비에 설탕, 물엿 넣고 캐러멜라이징 한다.

2 생크림, 소금은 108~109℃에서 끓인다.

3 생크림 온도가 30℃가 되면 두 재료를 혼합한다.

4 버터는 포마드 상태에 캐러멜을 혼합하여 캐러멜 버터크림을 완성한다.

재료

빠따 글라세(g)

다크초콜릿	400
식용유	40
구운아몬드분태	100

제조공정

1 초콜릿과 식용유는 각각 40℃가 넘지 않게 중탕한다.
2 구운 아몬드는 다져서 준비한다.
3 두 재료를 혼합한다.

Montage et Finition

크림샌드 및 글라세 코팅

Chocolate Butter Cake

초코 버터케이크(3개 분량, 7×14)

재료

브라우니 시트(g)

암소중력분	125
다크초콜릿	250
달걀	270
설탕	75
올리브유	125
베이킹파우더	5

제조공정

1 달걀에 설탕을 넣어준 후 미색이 날 때까지 믹싱한다.

2 다른 볼에 다크초콜릿을 중탕 후 올리브유를 넣어 혼합해 준다.

3 달걀 반죽과 초콜릿을 섞어준다.

4 체에 내린 중력분을 넣고 반죽을 마무리한다.

5 패닝한다.

6 170/170℃, 25~30분 굽는다.

초코 버터케이크(3개 분량, 7×14)

재료

초코 버터크림(g)

노른자	120
설탕	200
물	70
피트 발효버터	400
바닐라 익스트랙	9
다크초콜릿	100
생크림	120

제조공정

1 노른자, 바닐라 익스트랙을 미색이 나게 섞어준다.

2 물과 설탕은 118~120℃ 시럽을 만든다.

3 노른자 반죽에 시럽을 천천히 넣으면서 파트아봄브를 완성한다.

4 다크초콜릿과 생크림은 각각 40℃를 넘지 않게 중탕하여 두 재료를 혼합한다.

5 포마드 상태 버터를 혼합한다.

6 가나슈를 넣으면서 부드러운 초코 버터크림을 완성한다.

Montage et Finition

묵직한 브라우니 시트, 부드러운 초코 버터크림 샌드, 아이싱 및 슈거 파우더 마무리

Copy The Cake Know-How
of The Bakery Master

Memo

Carrot Soboro Cake

당근 소보로 케이크(1호 3개 분량)

재료

당근 시트(g)

암소박력분	300
베이킹파우더	10
계핏가루	4
달걀	240
황설탕	300
소금	2
오일	300
바닐라향	2
당근	300
호두	60
건포도	60

제조공정

1 당근은 다지고 호두는 굽고 건포도는 전처리한다.
2 가루분 체질, 원형 미니 틀 또는 카스텔라 틀을 준비한다.
3 믹싱기에 달걀을 넣고 거품을 올린다.
4 황설탕, 소금을 넣고 미색 나게 믹싱한다.
5 저속으로 가루분과 당근 및 견과류, 오일을 넣고 섞어준다.
6 패닝 후 소보로를 올려준다.
7 175/160℃, 30~35분 굽는다.

재료

소보로 토핑(g)

피트 발효버터	60
암소박력분	120
땅콩버터	25
꿀	12
설탕	60
노른자	1개
베이킹파우더	1.5

제조공정

1 주걱으로 버터를 부드럽게 풀어준다.

2 물엿, 설탕 넣고 크림화한다.

3 달걀 넣고 섞어준다.

4 체질한 가루분 중력, 분유, 베이킹파우더 보슬하게 혼합한다.

Montage et Finition

반죽 위에 소보로 토핑을 올려 구워준다.

Chocolat Classic

쇼콜라 클래식(1호 3개 분량)

재료

반죽(g)

다크초콜릿	282
생크림	270
노른자	210
피트 발효버터	210
흰자	315
설탕	378
암소박력분	84
코코아가루	168
베이킹파우더	6

제조공정

1 다크초콜릿, 생크림, 노른자, 버터를 넣고 중탕한다.
   (50℃ 넘지 말 것)
2 흰자, 설탕은 머랭으로 80% 올린다.
3 체질한 가루분(박력, 코코아, 베이킹파우더)을 넣고 섞는다.
4 나머지 머랭도 넣고 부드러운 반죽을 만든다.
5 175/160℃, 25~30분 굽는다.

쇼콜라 클래식(1호 3개 분량)

Montage et Finition

코코아파우더를 뿌려 마무리한다.

Copy The Cake Know-How
of The Bakery Master

(Memo)

Shellbron Cake

쉘브룬 케이크(1호 3개 분량, 철판 1개)

재료

초코시트(g)

피트 발효버터	360
설탕	280
물엿	60
달걀	390
곰표중력분	265
베이킹파우더	9
코코아가루	50
생크림	50
바닐라향	25

제조공정

1 버터를 부드럽게 풀어준다.

2 물엿을 넣고 설탕을 3번에 나누어 넣으면서 크림화한다.

3 달걀을 천천히 넣으면서 분리가 일어나지 않게 한다.

4 살짝 데운 생크림을 넣으면서 반죽은 매끈하게 한다.

5 체질한 중력, 베이킹파우더, 코코아가루, 바닐라향을 넣어준다.

6 사각형 철판에 유산지를 깔고 패닝한다.

7 175/160℃, 30~35분 굽는다.

8 냉각한다.

재료

버터크림(g)

피트 발효버터	500
흰자	125
설탕	150
물	70

제조공정

1 설탕, 물 냄비에 넣고 114~118℃로 끓여 시럽을 만든다.

2 흰자는 거품을 올려준다.

3 뜨거운 시럽을 흰자에 넣으면서 고속으로 믹싱한다.

4 믹싱 볼이 미지근하면 버터를 넣고 부드러운 이탈리안머랭 버터크림을 완성한다.

Montage et Finition

1 초코시트는 정사각형으로 자른 후 버터크림을 샌드한다.

2 초코시트를 체에 내려 골고루 묻혀주고 슈거파우더로 마무리한다.

Copy The Cake Know-How
of The Bakery Master

Memo

Chewy Cheese Balls

쫀득 치즈볼(13~14개)

재료

반죽(g)

파인소프트T	240
파인소프트C	50
파인소프트202	50
코끼리강력분	80
소금	5
피트 발효	100
퀘스크렘 레귤러 크림치즈	140
달걀	110
물	210

제조공정

1 파인소프트T, 파인소프트C, 파인소프트202, 강력분, 소금을 넣고 비터나 손으로 치대준다.

2 잘게 자른 차가운 버터와 크림치즈를 넣고 비터나 손으로 섞어준다.

3 차가운 달걀과 차가운 물을 넣고 섞어준 후 찰기가 보일 때까지 5분 정도 믹싱한다.

4 반죽에 롤치즈와 피자치즈를 넣고 섞어준다

쫀득 치즈볼 (13~14개)

재료

| 롤치즈 | 240 |
| 피자치즈 | 160 |

제조공정

5　비닐에 마르지 않도록 넣어준 후 30분간 냉장휴지한다.

6　80~100g씩 분할한 다음 파마산 분말을 묻혀준다.

7　170~175℃, 10~15분 굽는다.

Copy The Cake Know-How
of The Bakery Master

Memo

Chewy Green Tea

쫀득 그린티 (13~14개)

재료

반죽(g)

파인소프트T	240
파인소프트C	50
파인소프트202	50
코끼리강력분	75
소금	5
피트 발효버터	100
퀘스크렘 레귤러 크림치즈	140
달걀	110
물	210
우지마차가루	10

제조공정

1 파인소프트T, 파인소프트C, 파인소프트202, 강력분, 소금, 우지 마차가루를 넣고 비터나 손으로 치대준다.

2 잘게 다른 차가운 버터와 크림치즈를 넣고 비터나 손으로 섞어준다.

3 차가운 달걀과 차가운 물을 넣고 섞은 후 찰기가 보일 때까지 5분 정도 믹싱한다.

4 반죽에 팥배기와 완두배기를 넣고 섞어준다

재료

팥배기 ········ 200
완두배기 ······ 100

제조공정

5 비닐에 마르지 않도록 넣어준 후 30분 냉장 휴지한다.

6 80~100g씩 분할한다.

7 170~175℃, 10~15분 굽는다.

Memo

Chewy Chocolate

쫀득 초코(12~13개)

재료

반죽(g)

파인소프트T	240
파인소프트C	50
파인소프트202	50
코끼리강력분	70
소금	5
피트 발효버터	100
퀘스크렘 레귤러 크림치즈	140
달걀	110
물	210
코코아가루	20

제조공정

1 파인소프트T, 파인소프트C, 파인소프트202, 강력분, 소금, 코코 아가루를 비터나 손으로 넣고 치대준다.

2 잘게 다른 차가운 버터, 크림치즈를 넣고 비터나 손으로 섞어준다.

3 차가운 달걀, 차가운 물을 넣고 섞어준 후 찰기가 보일 때까지 5분 정도 믹싱한다.

4 반죽에 초코청크를 넣고 섞어준다

재료

| 초코 청크 ········ 240

제조공정

5 비닐에 마르지 않도록 넣어준 후 30분 냉장 휴지한다.

6 80~100g씩 분할한다.

7 170~175℃, 10~15분 굽는다.

Copy The Cake Know-How
of The Bakery Master

Memo

Milk Madeleine

우유 마들렌

재료

반죽(g)

달걀	312
설탕	312
트레할로스	62
소금	5
물엿	32
박력쌀가루	325
B.P	5
연유	6
우유	90
피트 발효버터	312

제조공정

1 달걀, 설탕, 트레할로스, 소금, 물엿을 섞어준 후 중탕하여 45~ 50℃까지 중탕하여 휘핑한다.

2 체친 가루재료(박력쌀가루, B.P)를 넣고 섞어준다.

3 연유, 우유, 식용유, 버터를 중탕으로 녹여서 50℃로 맞추어준 후 섞어준다.

제조공정

4 비중을 체크한다. (0.5~0.6)

5 준비된 팬에 90~100g 분할한다.

6 데크오븐에서 180/170℃, 30~35분 굽는다.

Memo

Green Tea Milk Madeleine

녹차우유 마들렌

재료

반죽(g)

달걀	312
설탕	312
트레할로스	62
소금	5
물엿	32
녹차분말	14
박력쌀가루	325
B.P	5
연유	6
우유	90
피트 발효버터	312

제조공정

1 달걀, 설탕, 트레할로스, 소금, 물엿을 섞은 후 45~50℃까지 중탕하여 휘핑한다.
2 체 친 가루재료(박력쌀가루, B.P, 녹차분말)를 넣고 섞어준다.
3 연유, 우유, 식용유, 버터를 중탕으로 녹여서 50℃로 맞춘 후 섞어준다.

제조공정

4   비중을 체크한다. (0.5~0.6)

5   준비된 팬에 콩배기10g, 팥배기10g 패닝 후 반죽을 90g 분할한다.

6   데크오븐에서 180/170℃, 30~35분 굽는다.

Copy The Cake Know-How
of The Bakery Master

Memo

Chocolate Milk Madeleine

초코우유 마들렌

재료

반죽(g)

달걀	312
설탕	312
트레할로스	62
소금	5
코코아가루	20
물엿	32
박력쌀가루	325
B.P	5
연유	6
우유	90
피트 발효버터	312

제조공정

1 달걀, 설탕, 트레할로스, 소금, 물엿을 섞은 후 45~50℃까지 중탕하여 휘핑한다.

2 체 친 가루재료(박력쌀가루, B.P, 코코아가루)를 넣고 섞어준다.

3 연유, 우유, 식용유, 버터를 중탕으로 녹여서 50℃로 맞춘 후 섞어준다.

제조공정

4 비중을 체크한다. (0.5~0.6)

5 준비된 팬에 초코청크 8g 패닝 후 반죽을 90g씩 분할한다.

6 데크오븐에서 180/170℃, 30~35분 굽는다.

Copy The Cake Know-How
of The Bakery Master

Memo

Cream Cheese Muffin

크림치즈 머핀 (미니 9~10개)

재료

반죽(g)

피트 발효버터	340
퀴스크 레귤러 크림치즈	210
설탕	440
달걀	440
코끼리강력분	50
곰표중력분	390
아몬드분말	100
B.P	8
럼	15

제조공정

1 버터를 부드럽게 풀어준 후 크림치즈를 넣고 가볍게 섞어만 준다.

2 설탕을 2회 나누어 넣고 달걀을 2~3회에 나누어 넣는다.

3 체 친 가루재료(강력분, 중력분, 아몬드분말, B.P)를 넣고 섞는다.

4 럼을 넣고 섞어준다.

5 미니 틀에 200~220g, 크림치즈 80~90g씩 패닝한다.
  (반죽 패닝 1/2, 크림치즈토핑 패닝 1/2, 나머지 반죽 패닝, 나머지 크림치즈 패닝)

6 컨벡션오븐에서 170~180℃, 18~23분 굽는다.

7 구운 후에 시럽 또는 혼당을 발라준다.

재료

크림치즈토핑(g)

퀴스크 레귤러
크림치즈 ········· 500
슈가파우더 ···· 190
생크림 ············ 180

제조공정

크림치즈, 슈가파우더를 부드럽게 풀어준 후 생크림을 넣어 섞어준다.

Copy The Cake Know-How
of The Bakery Master

(Memo)

Green Tea Cream Cheese Muffin

녹차크림치즈 머핀(미니 9~10개)

재료

반죽(g)

피트 발효버터	340
퀴스크 레귤러 크림치즈	210
설탕	440
달걀	440
코끼리강력분	50
곰표중력분	390
아몬드분말	100
B.P	8
럼	15
팥배기	150

제조공정

1 버터를 부드럽게 풀어준 후 크림치즈를 넣고 가볍게 섞어만 준다.

2 설탕을 2회 나누어 넣고 달걀을 2~3회에 나누어 넣는다.

3 체 친 가루재료(강력분, 중력분, 아몬드분말, B.P)를 넣고 섞는다.

4 럼을 넣고 섞어준다.

제조공정

5 미니 틀에 200~220g, 녹차크림치즈 80~90g씩 패닝한다.
   (반죽 패닝 1/2, 크림치즈토핑 1/2, 나머지 반죽, 팥배기 15g, 나
   머지 크림치즈)

6 컨벡션오븐에서 170~180℃, 18~23분 굽는다.

7 구운 후에 시럽 또는 혼당을 발라준다.

재료

녹차크림치즈토핑(g)

퀴스크 레귤러	
크림치즈	500
슈가파우더	190
생크림	180
우지마차가루	8

제조공정

크림치즈, 슈가파우더, 우지마차를 부드럽게 풀어준 후 생크림을 넣어 섞어준다.

Chocolate Cream Cheese Muffin

초코크림치즈 머핀 (미니 9~10개)

재료

반죽(g)

피트 발효버터	340
퀴스크 레귤러 크림치즈	210
설탕	440
달걀	440
코끼리강력분	50
곰표중력분	390
아몬드분말	100
B.P	8
럼	15
초코청크	150

제조공정

1 버터를 부드럽게 풀어준 후 크림치즈를 넣고 가볍게 섞어만 준다.
2 설탕을 2회 나누어 넣고 달걀을 2~3회에 나누어 넣는다.
3 체 친 가루재료(강력분, 중력분, 아몬드분말, B.P)를 넣고 섞는다.
4 럼을 넣고 섞어준다.

제조공정

5   미니 틀에 200~220g, 초코크림치즈 80~90g씩 패닝한다.
    (반죽 패닝 1/2, 크림치즈토핑 1/2, 나머지 반죽, 초코청크 15g, 나
    머지 크림치즈)

6   컨벡션오븐에서 170~180℃, 18~23분 굽는다.

7   구운 후에 시럽 또는 혼당을 발라준다.

재료

초코크림치즈토핑(g)

퀴스크 레귤러	
크림치즈	500
슈가파우더	190
생크림	180
코코아파우더	16

제조공정

크림치즈, 슈가파우더, 코코아파우더를 부드럽게 풀어준 후 생크림을 넣어 섞어준다.

Basque Cheesecake

바치케 (미니 3~4개)

재료

반죽(g)

퀘스크렘 레귤러
크림치즈	500
설탕	145
달걀	160
생크림	185
전분	70
바닐라빈	1개

제조공정

1 크림치즈를 부드럽게 풀어준다.

2 설탕을 ①에 넣고 풀어준다.

3 ②에 달걀을 2번 나누어 넣고 섞어준다.

4 생크림, 바닐라빈을 넣은 후 ③에 넣고 잘 섞어준다.

제조공정

5   전분을 넣고 섞어준 후 체에 걸러준다.

6   280g씩 패닝한다. (팬에 실리콘페이퍼를 잘라 준비한다.)

7   컨벡션 오븐에서 210~220℃, 18~20분 굽는다.

Copy The Cake Know-How
of The Bakery Master

Memo

Corn Cheesecake

옥바치케(미니 3~4개)

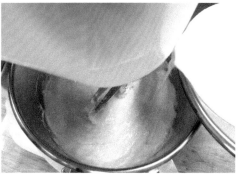

재료

반죽(g)

퀘스크렘 레귤러

크림치즈	500
설탕	145
달걀	160
생크림	185
전분	70
바닐라빈	1개
옥수수	240
옥수수레진	4

제조공정

1 크림치즈를 부드럽게 풀어준다.

2 설탕을 ①에 넣고 풀어준다.

3 ②에 달걀을 2번 나누어 넣고 섞어준다.

4 생크림과 바닐라빈을 넣은 후 ③에 넣고 잘 섞어준다.

제조공정

5 전분을 넣고 섞어준 후 체에 거르고 옥수수홀을 섞는다.

6 290g씩 패닝한다. (팬에 실리콘페이퍼를 잘라 준비한다.)

7 컨벡션오븐에서 210~220℃, 18~20분 굽는다.

Copy The Cake Know-How
of The Bakery Master

$\boxed{Memo}$

Green Tea Cheesecake

녹바치케 (미니 3~4개)

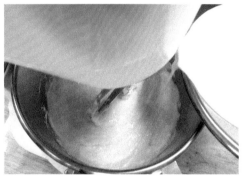

재료

반죽(g)

퀴스크 레귤러	
크림치즈	500
설탕	145
달걀	160
생크림	185
전분	70
녹차분말	6
바닐라빈	1개
팥배기	200

제조공정

1 크림치즈를 부드럽게 풀어준다.

2 설탕을 ①에 넣고 풀어준다.

3 ②에 달걀을 2번 나누어 넣고 섞어준다.

4 생크림과 바닐라빈을 넣은 후 ③에 넣고 잘 섞어준다.

제조공정

5 전분, 녹차분말을 넣고 섞어준 후 체에 거르고 팥배기를 넣고 섞
  는다.

6 280g씩 패닝한다. (팬에 실리콘페이퍼를 잘라 준비한다.)

7 컨벡션오븐에서 210~220℃, 18~20분 굽는다.

Copy The Cake Know-How
of The Bakery Master

Memo

Chocolate Cheesecake

초바치케 (미니 3~4개)

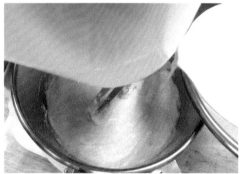

재료

반죽(g)

퀴스크 레귤러

크림치즈	500
설탕	145
달걀	160
생크림	185
전분	70
코코아파우더	10
바닐라빈	1개
초코청크	180

제조공정

1 크림치즈를 부드럽게 풀어준다.

2 설탕을 ①에 넣고 풀어준다.

3 ②에 달걀을 2번 나누어 넣고 섞어준다.

4 생크림과 바닐라빈을 넣은 후 ③에 넣고 잘 섞어준다.

제조공정

5 전분과 코코아파우더를 넣고 섞어준 후 체에 걸러 초코청크를 넣고 섞는다.

6 280g씩 패닝한다. (팬에 실리콘페이퍼를 잘라 준비한다.)

7 컨벡션오븐에서 210~220℃, 18~20분 굽는다.

Copy The Cake Know-How
of The Bakery Master

Memo

Lemon Cake

레몬 케이크(4~5개)

재료

반죽(g)

피트 발효버터	234
분당	226
달걀	180
암소박력분	256
B.P	6
레몬즙	4

제조공정

1 달걀에 분당을 넣어 섞어준 후 50~60℃까지 중탕한다.

2 녹인 버터를 40~45℃까지 식혀준 후 ①에 천천히 넣고 섞는다.

3 체 친 가루재료(박력분, B.P)를 섞어준다.

4 레몬즙을 넣고 섞어준다.

제조공정

5 미니파운드틀 170~180g씩 패닝한다. 이때, 윗면에 버터를 얇게 짜준다.

6 170~175℃, 20~25분 굽는다.

7 시럽을 발라주고 혼당을 짜준다.

Coby The Cake Know-How
of The Bakery Master

Memo

Green Tea Pound Cake

녹차 파운드(4~5개)

재료

반죽(g)

피트 발효버터	234
분당	226
달걀	180
암소박력분	250
B.P	6
우지마차가루	12

제조공정

1 달걀에 분당을 넣어 섞어준 후 50~60℃까지 중탕한다.
2 녹인 버터를 40~45℃까지 식힌 다음 ①에 천천히 넣고 섞는다.
3 체 친 가루재료(박력분, B.P, 우지마차)를 섞어준다.

제조공정

4   미니파운드틀에 165~170g씩 패닝하고, 팥배기 10g씩 뿌려준다.

5   170~175℃, 20~25분 굽는다.

6   시럽을 발라준다.

Copy The Cake Know-How
of The Bakery Master

<u>Memo</u>

Caramel Pound Cake

캐러멜 파운드(5~6개)

재료

반죽(g)

피트 발효버터	234
분당	226
달걀	180
암소박력분	256
B.P	6
캐러멜	150
(반죽에 섞기)	
설탕	120
생크림	120

제조공정

1 달걀에 분당을 넣어 섞어준 후 50~60℃까지 중탕한다.

2 녹인 버터를 40~45℃까지 식힌 다음 ①에 천천히 넣고 섞는다.

3 체 친 가루재료(박력분, B.P)를 섞어준다.

4 캐러멜을 넣고 섞어준다.

제조공정

5   미니파운드틀에 170~180g씩 패닝하고, 무화과 4~6조각 올려준다.

6   170~175℃, 20~25분 굽는다.

7   시럽을 발라준다.

Copy The Cake Know-How
of The Bakery Master

Memo

Fig Chocolate Pound Cake

무화과 초코 파운드(4~5개)

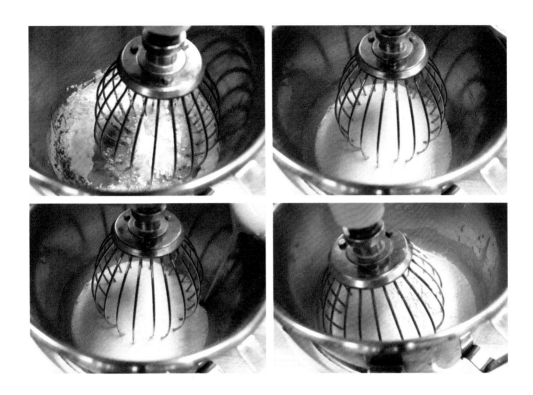

재료

반죽(g)

피트 발효버터	234
분당	226
달걀	180
암소박력분	202
B.P	6
코코아가루	94

제조공정

1 달걀에 분당을 넣어 섞어준 후 50~60℃까지 중탕한다.

2 녹인 버터를 40~45℃까지 식힌 다음 ①에 천천히 넣고 섞는다.

3 체 친 가루재료(박력분, B.P)를 섞어준다.

제조공정

4 미니파운드틀에 165~170g씩 패닝하고, 무화과 4~6조각 올려
   준다.

5 170~175℃, 20~25분 굽는다.

6 시럽을 발라준다.

Copy The Cake Know-How
of The Bakery Master

(Memo)

Cream Cheese Cookie

크림치즈쿠키

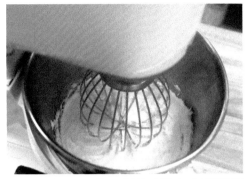

재료

반죽(g)

피트 발효버터	140
퀘스크렘 레귤러 크림치즈	20
설탕	80
물엿	10
슈가파우더	20
소금	2
달걀	80
암소박력분	180
아몬드분말	40

제조공정

1 버터를 부드럽게 풀어준 후 크림치즈를 넣고 풀어준다.

2 설탕, 물엿, 슈가파우더, 소금을 넣고 섞어준다.

3 달걀을 풀어서 넣고 섞어준다.

제조공정

4 체 친 가루재료(박력분, 아몬드분말)를 넣고 섞어준다.

5 팬에 격자로 짜준다.

6 180/150℃, 12~15분 굽는다.

Copy The Cake Know-How
of The Bakery Master

Memo

Chocolate Cream Cheese Cookie

초코크림치즈쿠키

재료

반죽(g)

피트 발효버터	140
퀘스크렘 레귤러 크림치즈	20
설탕	80
물엿	10
슈가파우더	20
소금	2
달걀	80
코코아파우더	10
암소박력분	180
아몬드분말	40

제조공정

1 버터를 부드럽게 풀어준 후 크림치즈를 넣고 풀어준다.
2 설탕, 물엿, 슈가파우더, 소금을 넣고 섞어준다.
3 달걀을 풀어서 넣고 섞어준다.

제조공정

4 체 친 가루재료(박력분, 아몬드분말, 코코아파우더)를 넣고 섞어
   준다.

5 팬에 격자로 짜준다.

6 180/150℃, 12~15분 굽는다

Copy The Cake Know-How
of The Bakery Master

Memo

Financier

휘낭시에 (17~18개)

재료

반죽(g)

피트 발효버터	375
→ 태운 버터	250
흰자	220
설탕	204
소금	4
꿀	40
아몬드T55	40
암소박력분	40
아몬드파우더	100

제조공정

1 버터를 태워서 맑은 버터만 250g 준비한다.

2 흰자에 설탕, 소금, 꿀을 넣어준 후 조금만 휘핑한다.

3 ②에 체 친 가루재료(T55, 박력분, 아몬드분말)를 넣고 섞어준다.

4 40~45℃에서 녹은 버터를 넣고 섞어준다.

제조공정

5 30분 이상 휴지한다.

6 45~50g씩 패닝한다.

7 컨벡션에서 200~210℃, 10~12분 구운 후 170℃, 3~5분 굽는다.

Copy The Cake Know-How
of The Bakery Master

Memo

로투스 휘낭시에

재료

반죽(g)

피트 발효버터	375
→ 태운 버터	250
흰자	220
설탕	204
소금	4
꿀	40
아뺑드T55	40
암소박력분	40
아몬드파우더	100
로투스	18개

제조공정

1 버터를 태워서 맑은 버터만 250g 준비한다.

2 흰자에 설탕, 소금, 꿀을 넣어준 후 조금만 휘핑한다.

3 ②에 체 친 가루재료(T55, 박력분, 아몬드분말)를 넣고 섞어준다.

4 40~45℃에서 녹은 버터를 넣고 섞어준다.

제조공정

5 30분 이상 휴지한다.

6 45~50g씩 패닝한 다음, 로투스를 반죽 위에 올려준다.

7 컨벡션에서 200~210℃, 10~12분 구운 후 170℃, 3~5분 굽는다.

Copy The Cake Know-How
of The Bakery Master

Memo

Twix Financier

트윅스 휘낭시에 (18~19개)

재료

반죽(g)

피트 발효버터	375
→ 태운 버터	250
흰자	220
설탕	204
소금	4
꿀	40
아빵드T55	40
암소박력분	40
아몬드파우더	100
미니트윅스	19

제조공정

1 버터를 태워서 맑은 버터만 250g 준비한다.

2 2. 흰자에 설탕, 소금, 꿀을 넣어준 후 조금만 휘핑한다.

3 ②에 체 친 가루재료(T55, 박력분, 아몬드분말)를 넣고 섞어준다.

4 40~45℃에서 녹은 버터를 넣고 섞어준다.

제조공정

5　30분 이상 휴지한다.

6　반죽 20g 패닝 후 트윅스를 넣고 반죽 20~25g 패닝한 다음 소금
　 을 장식으로 올린다.

7　컨벡션에서 200~210℃, 10~12분 → 170℃, 3~5분 굽는다.

Copy The Cake Know-How
of The Bakery Master

Memo

Chocolate Financier

초코 휘낭시에 (17~18개)

재료

반죽(g)

피트 발효버터	375
→ 태운 버터	250
흰자	220
설탕	204
소금	4
꿀	40
아빵드T55	40
암소박력분	40
아몬드파우더	100
코코아파우더	30

제조공정

1 버터를 태워서 맑은 버터만 250g 준비한다.

2 2. 흰자에 설탕, 소금, 꿀을 넣어준 후 조금만 휘핑한다.

3 ②에 체 친 가루재료(T55, 박력분, 코코아분말)를 넣고 섞어준다.

4 40~45℃에서 녹은 버터를 넣고 섞어준다.

제조공정

5 30분 이상 휴지한다.

6 45~50g씩 패닝 후 청크를 8~10g씩 올려준다.

7 컨벡션에서 200~210℃, 10~12분 → 170℃, 3~5분 굽는다.

Copy The Cake Know-How
of The Bakery Master

Memo

Green Tea Financier

그린티 휘낭시에 (17~18개)

재료

반죽(g)

피트 발효버터	375
→ 태운 버터	250
흰자	220
설탕	204
소금	4
꿀	40
아뺑드T55	40
암소박력분	40
아몬드파우더	100
우지마차가루	15

제조공정

1 버터를 태워서 맑은 버터만 250g 준비한다.

2 흰자에 설탕, 소금, 꿀을 넣어준 후 조금만 휘핑한다.

3 ②에 체 친 가루재료(T55, 박력분, 아몬드분말, 우지마차가루)를 넣고 섞어준다.

4 40~45℃에서 녹은 버터를 넣고 섞어준다.

제조공정

5   30분 이상 휴지한다.

6   45~50g씩 패닝 후 팥배기를 8~10g씩 올려준다.

7   컨벡션에서 200~210℃, 10~12분 → 170℃, 3~5분 굽는다.

Copy The Cake Know-How
of The Bakery Master

Memo

프랑스 정통의 맛을 전하는 고품질 밀가루
아뺑드 A Pain de

국내 베이커리 산업의 수준과 퀄리티가 세계 시장에 발맞춰 빠르게 성장하는 동안
자연스럽게 빵의 본고장인 프랑스 제빵에 대한 니즈가 함께 증가하자
대한제분은 이를 충족시킬 프랑스 밀가루 전문 브랜드 아뺑드를 탄생시켰습니다.

프랑스어로 '빵(Pain)'이란 의미 그 자체인 아뺑드는 일반 밀가루와 달리
바게트, 깜빠뉴, 치아바타 등 하드한 계열의 유럽 스타일 제과 제빵에 적합한
고품질의 밀가루 제품과 재료들을 선보입니다.

지난 70여 년 동안 축적해 온 대한제분만의 기술력과 노하우가 집약된 만큼
아뺑드는 더 맛있고 믿을 수 있는 제품들로 즐거운 베이킹의 세계로 인도합니다.

ABOUT A PAIN DE

브랜드 출시	2020년
원산지	국내산
보관 방법	상온 보관
소비 기한	12개월
주요 품목	밀가루

프랑스 빵의 맛을 완성하는
고품질의 밀가루

딱딱한 겉과 부드러운 속이 어우러져
거칠면서도 바삭하고 쫄깃한 프랑스 빵
특유의 식감과 담백한 맛을 완성합니다.

베이킹의 성공률을 높이는
우수한 볼륨감과 작업성

국내보다 더 세분화된 프랑스 밀가루의
기준에 맞춰 개발 및 생산될 뿐 아니라
베이킹의 성공률을 높여 줍니다.

INTERNATIONAL CERTIFICATE

HACCP 인증   **FSSC 22000 인증**

※ 제품별 인증 및 수상 내역은 상이합니다.

Why A Pain de?

우리나라 제분 업계를 선도하는
대한제분의 우수한 기술력

1952년 이후 지금까지 70여 년 동안
국내 제분 업계를 선도해 온 대한제분이
직접 개발 및 생산하여 믿을 수 있습니다.

HACCP 인증으로 입증된
엄격한 품질 관리

아뺑드 밀가루 제품은 까다롭고 위생적인
공정 관리로 국내 식품의약품안전처로부터
안전한 식품임을 인정받았습니다.

아빵드 밀가루 T45

- '르빵' 임태언 셰프와 공동 연구 개발한 아티장 베이커를 위한 제품
- 뛰어난 반죽 내구성으로 고배합 제품에 적합
- 높은 수분흡수력으로 반죽 혼합에 용이

용량	1kg X 10ea / 20kg
단위	박스 / 지대
소비 기한	12개월
보관 방법	상온 보관

크로와상 만드는 법

with **T45**

재료 : 아빵드 밀가루 T45 800g, 대한제분 코끼리(빵용) 200g, 물 400g, 계란 110g, 소금 20g, 설탕 150g, 꿀 20g, 버터 100g, 드라이이스트(고당용) 26g, 파이버터(롤인 유지) 500g

만드는 법

① 버터, 소금, 파이버터를 제외한 모든 재료를 넣고 믹싱합니다.
② 클린업 단계가 되면 버터와 소금을 넣고 반죽합니다. (반죽온도 약 24℃)
③ 반죽을 4℃에서 6시간 이상 저온발효 합니다.
④ 저온발효한 반죽에 파이버터를 감싸준 후, 4절 1회 밀어 펴기 합니다.
⑤ 냉장에서 약 1시간 휴지를 주고 다시 3절 1회 밀어 펴기 합니다.
⑥ 냉장에서 약 1시간 재 휴지를 주고 재단 사이즈로 밀어 폅니다.
⑦ 반죽을 재단하고 초승달 모양으로 성형합니다.
⑧ 성형한 반죽을 약 27℃, 습도 75%에서 3~4시간 발효합니다.
⑨ 상240℃ / 하 200℃로 예열된 오븐에서 구워줍니다.

Tip ♡ · 코끼리(빵용)은 아빵드 밀가루 T45와 원하는 비율로 사용 가능합니다.
· 발효시 발효실을 이용하면 시간을 단축할 수 있습니다.

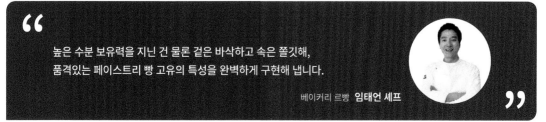

> 높은 수분 보유력을 지닌 건 물론 겉은 바삭하고 속은 쫄깃해,
> 품격있는 페이스트리 빵 고유의 특성을 완벽하게 구현해 냅니다.
>
> 베이커리 르빵 **임태언 셰프**

아뺑드 밀가루 T55

- 바게트, 치아바타 등 여러 분야의 빵을 안정적으로 만들 수 있는 제품
- 영양 강화 밀가루 유형으로 우수한 품질의 프랑스 빵을 만들기에 적합한 제품
- 발효력이 우수하여 내상 기공이 균일하고 크게 분포

용량	1kg / 20kg
박스 입수	10개
소비 기한	12개월
보관 방법	상온 보관

바삭한 프랑스 바게트 만들기 (250g, 6~7개 분량)
———————————— with **T55**

재료 : 아뺑드 밀가루 T55 1kg, 물 680mL, 드라이 이스트 3g, 소금 18g

만드는 법

① 아뺑드 밀가루 T55 350g과 물 350mL, 드라이 이스트 1g을 넣고 반죽한 뒤, 냉장에서 약 10시간 동안 숙성해 줍니다.
② 숙성된 반죽에 아뺑드 밀가루 T55 650g, 물 330mL, 소금 18g, 드라이 이스트 2g을 넣고 반죽해 줍니다.
③ 완성된 본반죽을 용기에 담아 랩을 씌우고, 처음 반죽보다 2~3배 크기가 될 때까지 약 90분 동안 1차 발효합니다.
④ 발효된 반죽을 약 250g씩 분할 후 둥글리기 한 뒤, 천 또는 비닐을 덮고 상온에서 20분간 놓아 둡니다.
⑤ 분할한 반죽의 가스를 가볍게 뺀 뒤, 막대기 모양으로 성형합니다.
⑥ 바게트 틀에 넣고, 50분 동안 2차 발효합니다. (처음 반죽 크기의 2~3배 크기)
⑦ 굽기 전 칼집을 내고 분무한 후, 예열된 오븐에서 약 20~25분간 구워 줍니다.

Tip ♡ 강력분 코끼리(빵용)와 아뺑드 밀가루 T55를 5:5 비율로 사용해도 좋습니다.

> 바게트, 치아바타, 포카치아 등 다양한 유럽풍의 빵들을 누구나 손쉽게 만들 수 있습니다.
> 크러스트(겉껍질)는 얇고 바삭하며, 크럼(속살)은 부드럽고 쫄깃한 점이 특징입니다.
>
> 대한제분 **임유정 연구원**

아뺑드 밀가루 T65

- '르빵' 임태언 셰프와 공동 연구 개발한 아티장 베이커를 위한 제품
- 반죽 물성(탄력 / 신장성)이 우수
- 구수한 풍미와 감칠맛 구현 가능

용량	1kg / 20kg
박스 입수	10개
소비 기한	12개월
보관 방법	상온 보관

고소하고 담백한 깜빠뉴 만들기 (350g, 4~5개 분량)
with **T65**

재료 : 아뺑드 밀가루 T65 1kg, 물 700mL, 드라이 이스트 4g, 소금 20g

만드는 법

① 아뺑드 밀가루 T65 1kg과 물 700mL을 넣고 반죽한 뒤, 실온에서 약 30분간 숙성해 줍니다.
② 숙성된 반죽에 드라이 이스트 4g과 소금 20g을 넣고 매끄러워질 때까지 반죽해 줍니다.
③ 완성된 본반죽을 용기에 담아 랩을 씌우고, 상온에서 약 100분간 1차 발효합니다.
    (약 60분 발효 후, 펀칭을 하고 약 40분 발효)
④ 2차 발효된 반죽을 약 350g씩 분할 후 둥글리기 한 뒤, 천 또는 비닐을 덮고
    상온에 20분간 놓아 둡니다.
⑤ 분할한 반죽의 가스를 가볍게 뺀 뒤, 럭비공 모양으로 성형합니다.
⑥ 깜빠뉴 전용 틀에 넣고, 약 60분간 상온에서 2차 발효합니다.
⑦ 굽기 전 칼집을 내고 분무한 후, 상 240℃ / 하 200℃로 예열된 오븐에서 약 20분간 구워 줍니다.

Tip 💡 아뺑드 밀가루 T65와 통밀가루를 9:1 비율로 사용하면 더 고소한 깜빠뉴를 만들 수 있습니다.

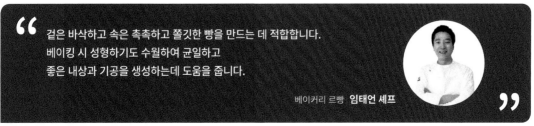

> " 겉은 바삭하고 속은 촉촉하고 쫄깃한 빵을 만드는 데 적합합니다.
> 베이킹 시 성형하기도 수월하여 균일하고
> 좋은 내상과 기공을 생성하는데 도움을 줍니다. "
>
> 베이커리 르빵 **임태언 셰프**

아뺑드 DH PRO

- 더 부드럽고 촉촉한 빵을 생산 가능
- 제빵 시 빵의 볼륨감과 수분 보유력을 높이고 노화를 억제
- 고배합과 저배합의 모든 종류의 빵에 사용 가능한 곡류 가공품 제빵 개량제

용량	500g
박스 입수	20개
소비 기한	12개월
보관 방법	상온 보관

베이킹에 함께 더하면 좋은 아뺑드 DH PRO 효과

반죽과 발효의 성공률을 높이고
오랜 발효 시간을 단축시켜 줍니다.

더욱 풍성하게
빵의 볼륨감을 더해 줍니다.

빵의 식감과 품질을 향상시키고
신선도를 오래도록 유지시켜 줍니다.

> 베이킹 시 발효 촉진, 반죽 강화 등 작업 효율성을 높여 주며 빵의 부피를 크게 해 줍니다.
> 또한, 보습력을 향상시켜 노화를 방지하고 빵을 폭신하고 쫄깃하게 해 줍니다.
>
> 대한제분 **고재형 연구원**

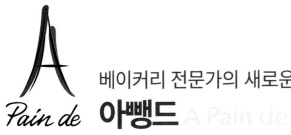

베이커리 전문가의 새로운 기준,
아뺑드 A Pain de

프랑스, 독일 등 유럽의 밀가루는 **단백질이 아닌 회분으로 구분**하여
각 용도에 맞게 사용하고 있습니다.

아뺑드 제품별 회분 함량

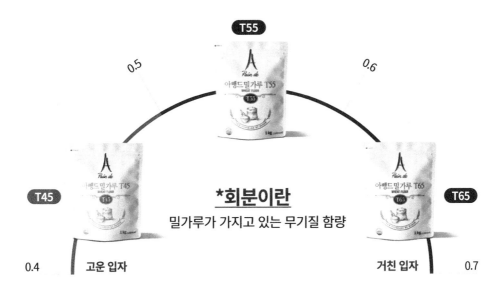

T55

0.5   0.6

T45   ***회분이란**   T65
밀가루가 가지고 있는 무기질 함량

0.4   고운 입자   거친 입자   0.7

종류	제품	회분 함량(%)	특징
T45		0.4 ~ 0.5%	크로와상, 뺑오 쇼콜라와 같은 **페이스트리, 비에누아즈리**에 적합한 밀가루입니다.
T55		0.5 ~ 0.6%	**구움과자류, 타르트, 치아바타, 바게트** 등 다목적 유럽 제빵용 밀가루입니다.
T65		0.6 ~ 0.7%	천연발효종 르방이나 바게트, 깜빠뉴 등 **하드 계열 빵**을 만들 때 적합한 밀가루입니다.

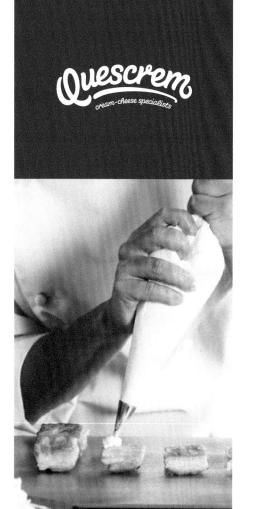

크림치즈의 새로운 기준
퀘스크렘 Quescrem

퀘스크렘(Quescrem)은 스페인어로 '치즈'를 뜻하는 '퀘소(Queso)'와 크림을 뜻하는 '크레마(Crema)'가 합쳐진 의미로, 크림치즈에 특화된 스페인 유제품 브랜드입니다.

스페인 최대 우유 생산지 갈리시아의 산티아고 대학 치즈 메이커들이 "크림치즈의 혁신을 보여 주자"는 모토로 탄생시킨 만큼, 꾸준한 투자와 기술 개발을 통해 혁신적이고 차별화된 크림치즈 제품을 선보이고 있습니다.

유럽을 비롯한 각국의 공인 기관으로부터 품질과 관리에 대한 인증을 받고, 40여 개국에 제품을 수출하는 퀘스크렘은 세계적으로 신뢰받는 크림치즈 전문 브랜드입니다.

ABOUT QUESCREM

브랜드 출시	2006년
원산지	스페인
보관 방법	냉장 보관
소비기한	9개월
주요 품목	크림치즈, 마스카포네

INTERNATIONAL CERTIFICATE

※ 제품별 인증 및 수상 내역은 상이합니다.

스페인 갈리시아의 신선한 원유 사용

유럽에서도 손꼽히는 목초지인 스페인 갈리시아(Galicia)에서 초지 방목하여 생산 공장 반경 20km 내에서 집유한 갈리시아 원유로만 만들어 더욱 신선합니다.

버터밀크로 만든 뛰어난 맛과 작업성

지방 함량은 낮고 단백질 함량은 높은 버터밀크(Butter Milk)를 주원료로 사용하여 더욱 부드럽고 크리미한 텍스쳐를 자랑합니다. 휘핑, 믹싱 작업에도 탁월하고 소스, 무스 등으로 활용하기에도 좋습니다.

Why Quescrem?

자연 치즈의 뛰어난 풍미와 식감

퀘스크렘은 자연 치즈 특유의 신선한 산미와 부드럽게 퍼지는 식감을 자랑합니다. 고소하고 상큼한 풍미가 균형을 이루며 다양한 식재료와 어우러져 여러 가지 레시피에 활용 가능합니다.

차별화된 크림치즈 제품 라인업

다채로운 맛의 제품뿐만 아니라 유기농, 락토스 프리, 전문 제빵용 등 소비자의 기호와 필요에 따라 선택할 수 있는 다양한 제품을 선보이고 있습니다.

✻ 리뉴얼 패키지 적용 : 24년 4월~

퀘스크렘
레귤러 크림치즈

자연 치즈의 신선한 산미와
부드러운 맛의 탁월한 균형

용량	2kg / 10kg
박스 입수	6개 (2kg 기준)
소비기한	9개월
보관 방법	냉장 보관

퀘스크렘
플러스 크림치즈

극단적인 온도 변화에도
질감 및 풍미 유지

용량	2kg
박스 입수	6개
소비기한	9개월
보관 방법	냉장 보관

퀘스크렘
마스카포네

유지방 42% 함량으로
풍부한 풍미 자랑

용량	2kg / 500g
박스 입수	6개
소비기한	9개월
보관 방법	냉장 보관

퀘스크렘
밸런스 크림치즈

자사 레귤러 크림치즈 대비 고단백,
저지방으로 균형 잡힌 크림 치즈
(단백질 약 70% ↑, 지방 약 40% ↓)

용량	2kg
박스 입수	6개
소비기한	9개월
보관 방법	냉장 보관

퀘스크렘
레귤러 크림치즈

크리미하면서도 산뜻한 질감으로
스프레드에 최적합

용량	200g
박스 입수	6개
소비기한	9개월
보관 방법	냉장 보관

퀘스크렘
마스카포네

크리미하고 실키한 질감으로
유수분 분리 현상이 적음

용량	250g
박스 입수	12개
소비기한	9개월
보관 방법	냉장 보관

퀘스크렘
라이트 크림치즈

자사 레귤러 크림치즈 제품 대비
열량이 약 40% 낮은 제품

용량	200g
박스 입수	6개
소비기한	9개월
보관 방법	냉장 보관

퀘스크렘 갈릭&
허브 크림치즈

인공 향미제가 아닌
천연 갈릭&허브 포함

용량	200g
박스 입수	6개
소비기한	9개월
보관 방법	냉장 보관

퀘스크렘
올리브 크림치즈

스페인 대표 식재료
올리브를 섞어 만든 제품

용량	200g
박스 입수	6개
소비기한	9개월
보관 방법	냉장 보관

퀘스크렘
블루치즈 크림치즈

블루치즈 특유의 향과 부드러운
크림치즈의 조화가 좋음

용량	200g / 2kg
박스 입수	6개
소비기한	9개월
보관 방법	냉장 보관

퀘스크렘 제품에 대한 자세한 정보는 홈페이지에서 확인하세요.
www.QUESCREM.co.kr

프랑스산 정통 자연 발효 버터
피트 FIT

피트는 1990년부터 프랑스 및 유럽을 중심으로 글로벌 네트워크를 구축하여
버터, 크림, 치즈 등의 유제품을 전문적으로 유통하고 있습니다.

피트의 발효 버터 제품은 프랑스 북부의 대표적인 낙농 지역인
솜므(Somme) 주에서 생산합니다.

유크림과 유산균 외에 별도 보존료나 첨가물을 사용하지 않고 프랑스 전통
방식으로 자연 발효시킨 피트 발효 버터는 풍부한 풍미와 부드러운 질감,
대량 생산과 소량 수작업 모두에 뛰어난 적용성을 자랑합니다.

ABOUT FIT

브랜드 출시	1990년
원산지	프랑스
보관 방법	냉동 보관
소비기한	24개월
중량	10kg (5kg x 2개), 500g
주요 품목	버터

무첨가 천연 발효 버터

피트 버터는 유크림과 유산균 외에
별도의 보존료나 첨가물을 넣지 않습니다.
프랑스 전통 방식으로 만든 천연 발효 버터
'피트'는 풍부한 풍미와 부드러운 질감으로
요리에 맛과 향을 더합니다.

고품질 프랑스산 버터

피트 발효 버터는 프랑스 북부에 위치한
솜므(Somme) 주에서 만듭니다.
버터 강국 프랑스의 오랜 제조 노하우와
풍미를 담은 고품질 프랑스산 버터의
매력을 그대로 느낄 수 있습니다.

INTERNATIONAL CERTIFICATE

IFS Food 인증   코셔(Kosher) 인증   할랄(Halal) 인증

※ 제품별 인증 및 수상 내역은 상이합니다.

Why Fit?

24개월 소비기한과 다양한 포장 단위

24개월의 긴 소비기한과 500g, 5kg 단위로
포장되어 있어 구매 후 보관 및 관리에
용이하고 사용 목적에 맞게 소분하여
편하게 활용할 수 있습니다.

국제적으로 검증된 품질과 서비스

엄격한 기준과 검사 속에 관리되고 있는
피트 버터는 제품의 안정성과 깨끗함을
국제적으로 인정받았으며, 전 제조 과정을
추적 가능하여 더 믿을 수 있습니다.

PRODUCTS

피트(FIT) 발효 버터 10kg

- 유지방 82% 함유
- 발효 버터 특유의 맛과 향
- 고소하고 산뜻한 풍미가 살아 있는 프랑스 발효 버터
- 24개월의 긴 소비기한
- IFS Food, Halal, Kosher 인증 획득

용량	10kg
박스 입수	5kg x 2
소비기한	24개월
보관 방법	냉동 보관

피트(FIT) 프렌치 고메 버터 500g

- 피트 발효 버터 10kg의 소단량 버전
- 유지방 82% 함유, 발효 버터 특유의 산뜻한 풍미
- 500g 단량으로, 소규모 업장이나 홈베이킹에 용이
- 프랑스 브르타뉴 지역의 전통적인 주형(Moule)을 본떠 생산하여, 세로 방향 홈이 패인 형태가 특징

용량	500g
박스 입수	500g x 20
소비기한	24개월
보관 방법	냉동 보관

활용 Tip

 빵, 쿠키, 케이크 등 **다양한 베이킹에 활용**

 스테이크, 볶음밥 등 **각종 요리에 풍미 추가**

 5kg 단위 포장으로 **사용과 보관에 용이**

세계인 모두가 함께 즐길 수 있는 피트 발효 버터

남녀노소 모두에게
안전하고 깨끗한 제품
#IFS Food 인증 #국제적 안전성 검증

유대교 율법에 어긋나지 않아
유대인도 즐길 수 있는 제품
#코셔 인증 #청결한 제품

이슬람 율법을 지키는
무슬림에게도 적합한 제품
#할랄 인증 #까다로운 검증 완료

대한제분(주) | 서울특별시 중구 세종대로 39 대한상공회의소 14층 | www.dhflour.co.kr | 080.330.3366 (수신자 부담)

스페인 갈리시아를 대표하는 유제품 브랜드
라르사 Larsa

스페인 북서부의 갈리시아(Galicia) 지방은 높은 산맥과 숲, 해안선으로 둘러싸인 천혜의 자연환경을 자랑하는 유럽 대표 청정 목초지입니다.

라르사는 갈리시아 지역만의 자연 친화적이고 전통적인 방목 방식으로 우유, 휘핑크림, 치즈, 요구르트 등 고품질의 유제품을 생산하고 있습니다.

현재 라르사가 운영 중인 지역 농장은 약 425곳으로, 엄격한 기준과 철저한 관리 감독 하에 가축의 스트레스를 최소화하는 이상적인 방목 환경을 유지하고 있습니다.

"스트레스 없이 건강하게 자란 젖소에게서 최고의 원료를 얻을 수 있다"라는 철학을 60여 년간 고수해 온 라르사는 스페인 대표 유제품 브랜드입니다.

ABOUT LARSA

브랜드 출시	1933년
원산지	스페인
보관 방법	냉장 보관
소비기한	9개월
주요 품목	휘핑크림

오랜 전통의 스페인 대표 유제품 브랜드

1933년 가족 농장으로 시작한 라르사는 1997년 스페인 유제품 그룹 Capsa Food에 합병되었으며, 오늘날 약 425개의 지역 농장을 보유한 스페인 갈리시아의 대표 유제품 브랜드로 성장했습니다.

뛰어난 맛과 풍미, 우수한 품질과 합리적인 가격

라르사의 유제품은 맛과 풍미가 뛰어난 갈리시아 원유의 우수한 품질을 그대로 담고 있으며, 생크림에 가까운 내추럴한 풍미를 가져 다양한 레시피에 활용 가능합니다.

Why Larsa?

성공률을 높여 주는 우수한 작업성

유지방 분리 현상이 거의 없는 라르사 휘핑크림은 빠르고 안정적으로 휘핑을 완성시켜 다양한 디저트 작업에 안성맞춤입니다.

뚜껑으로 열고 닫아 더 위생적이고 편리한 보관

자르거나 밀봉이 어렵지 않도록 캡 뚜껑 타입으로 만들어져 사용과 보관이 매우 편리하며 한층 위생적으로 관리할 수 있습니다.

라르사 휘핑크림 35.1% 1 L

• 유크림 99.65%의 UHT 휘핑크림
• 밝고 새하얀 컬러와 빠르고 단단한 휘핑력이 특징
• 개봉 후 보관이 편리한 캡 뚜껑

용량	1L
박스 입수	6개
소비기한	9개월
보관 방법	냉장 보관

Profile
저자소개

강소연

한국관광대학교 호텔제과제빵과 겸임교수
두원공과대학교 호텔·조리계열 제과제빵과 겸임교수
백석문화대학교 호텔외식조리학부 제과제빵과 강사
세종대학교 산업대학원 호텔관광외식경영학 석사
대한민국 제과기능장
혜전대학교 제과제빵과 외래교수
한국호텔관광교육재단 근무
직업능력개발훈련교사 2급
제과제빵기능사 실기 심사위원
지방기능경기대회 심사위원
베이커리페어 심사위원
대한제과협회 기술지도위원
에꼴 벨루이 꽁세이(Ecole Bellouet Conseil) 연수

오동환

한국관광대학교 호텔제과제빵과 전임교수
경기대학교 외식조리관리 관광학 석사
대한민국 제과기능장
Coup du monde de la Pâtisserie 대한민국 국가대표
SPC Samlip 식품기술연구소 근무
프랑스 Ecole Lenotre 장학생
한국산업인력관리공단 제과·제빵기능사/기능장 감독위원
지방기능경기대회 심사위원 및 심사장
SIBA 최우수상 식품의약품안전처장상
고용노동부장관상
중소벤처기업부장관상

백진우

일리에콩브레 대표
대한민국제과기능장협회 부회장
대한민국제과기능장협회 기술분과 위원
대한민국 제과기능장
대한제과협회 성남시 지부장
대한제과협회 기술지도위원장
UIBC IBA CUP 대한민국 국가대표 단장
기능경기대회 심사장 및 심사위원
한국산업인력관리공단 제과·제빵기능사 감독위원

이득길

(주)베이커리가루 대표
대한민국 제과기능장
강원도립대학교 바리스타제과제빵학과 외래교수
대원대학교 제과제빵학과 외래교수
대한제과협회 대외협력위원
동경제과학교 연수
한국산업인력관리공단 제과/제빵 기능사 감독위원
크림치즈경연대회 수상
국제빵과자경연대회 초콜릿공예대형부문 최우수상
국제요리&제과경연대회 농림축산식품부장관상 대상

박영현

재미브레드 대표
대한민국 제과기능장
벨리체초콜릿 대회 금상
4회 끼리 경연대회 빵 부문 대상
프로제빵왕 금상
우리쌀 경연대회 금상, 은상
프랑스 르꼬르동 블루 연수

저자와의
합의하에
인지첩부
생략

제과기능장의 케이크 노하우 따라하기

2024년 5월 31일 초 판 1쇄 발행
2024년 11월 30일 제2판 1쇄 발행

지은이 강소연·오동환·백진우·이득길·박영현
펴낸이 진욱상
펴낸곳 (주)백산출판사
교   정 박시내
본문디자인 신화정
표지디자인 오정은

등   록 2017년 5월 29일 제406-2017-000058호
주   소 경기도 파주시 회동길 370(백산빌딩 3층)
전   화 02-914-1621(代)
팩   스 031-955-9911
이메일 edit@ibaeksan.kr
홈페이지 www.ibaeksan.kr

ISBN 979-11-6567-951-4 13590
값 22,000원